FORSCHUNGSBERICHTE
DES WIRTSCHAFTS- UND VERKEHRSMINISTERIUMS
NORDRHEIN-WESTFALEN

Herausgegeben von Staatssekretär Prof. Leo Brandt

Nr. 339

Professor Dr.-Ing. Walther Wegener
Dipl.-Ing. Willi Zahn

Institut für Textiltechnik der Technischen Hochschule Aachen

Vergleich des normalen mit verschiedenen abgekürzten
Baumwollspinnverfahren in Bezug auf Gleichmäßigkeit
und Sortierungsstreuung der Garne

Als Manuskript gedruckt

WESTDEUTSCHER VERLAG / KÖLN UND OPLADEN

1956

ISBN 978-3-663-03870-2   ISBN 978-3-663-05059-9 (eBook)
DOI 10.1007/978-3-663-05059-9

Forschungsberichte des Wirtschafts- und Verkehrsministeriums Nordrhein-Westfalen

G l i e d e r u n g

Vorwort . . . . S. 5

  I. Die Verwendung von 2 oder 3 Streckpassagen . . . . S. 5

 II. Die Verwendung von 4- oder 5-Zylinder-Streckwerken
     in der Streckerei . . . . S. 19

III. Vergleich der Gesamt- und der Querstreuung verschiedener
     Spinnverfahren . . . . S. 2o

 IV. Zusammenfassung . . . . S. 42

  V. Literaturverzeichnis . . . . S. 44

Forschungsberichte des Wirtschafts- und Verkehrsministeriums Nordrhein-Westfalen

V o r w o r t

In allen Zweigen der Textilindustrie sind seit langem Bestrebungen im Gange, die Fertigungsmethoden zu rationalisieren. Speziell in der Dreizylinderspinnerei konzentrieren sie sich hauptsächlich auf die Einsparung von Maschinenpassagen. So wurde im Laufe der Zeit die Zahl der Flyerpassagen auf zwei, dann auf eine und die Zahl der Streckpassagen schließlich auch auf zwei reduziert. Darüber hinaus strebt man den völligen Verzicht auf den Flyer an, der eine im Verhältnis zu den anderen Einheiten der Dreizylinderspinnerei unwirtschaftliche Maschine darstellt.

Es liegt im Sinne der Rationalisierung, daß die Verbilligung des Spinnprozesses nicht durch eine Qualitätsminderung erkauft werden darf. Deshalb mußte versucht werden, die verbleibenden Maschinen nicht nur in ihrer Leistung, sondern auch hinsichtlich ihrer Qualität zu verbessern. Die Mittel hierzu waren in der Hauptsache maschinenbaulicher Art und fanden ihren Ausdruck in vielen guten Lösungen. Es seien hier nur die Einprozeßanlage, die Vergrößerung der Kanneninhalte und die Entwicklung neuer Streckwerke erwähnt. Daneben stehen aber mit nicht zu unterschätzender Bedeutung die heute praktisch überall durchgeführte Klimatisierung, das Vorhandensein automatischer Prüfgeräte und der Gebrauch der statistischen Qualitätskontrolle. Letztere setzt den Betriebsführer bei richtiger Anwendung eher in die Lage, etwaige Produktionsfehler unmittelbar hinter ihrem Entstehungsort erkennen und damit die Störung lokalisieren zu können, als wenn erst ihre Auswirkung auf das Fertigprodukt abgewartet wird.

Die Bearbeitung des vorliegenden Problems erfolgte mit Hilfe der Statistik. Dabei wurde untersucht, wie sich verschiedene Kombinationen von Strecken- und Flyerpassagen, die im Rahmen der Verkürzung des Baumwollspinnprozesses üblich sind, auf die Zwischenprodukte und endlich auf das Garn auswirken. Die Ergebnisse wurden mit einem Prozeß verglichen, der für den untersuchten Betrieb als "normal" anzusprechen war. Es handelt sich hier um einen Prozeß, der aus drei Strecken- und zwei Flyerpassagen besteht.

I. Die Verwendung von 2 oder 3 Streckpassagen

Über die Frage, ob zweimal oder dreimal gestreckt werden soll, ist viel diskutiert worden. Theoretisch müßte das dreimal gestreckte Band aufgrund

Forschungsberichte des Wirtschafts- und Verkehrsministeriums Nordrhein-Westfalen

der höheren Dublierungszahl gleichmäßiger ausfallen als das zweimal gestreckte. Für die Nummernhaltung mag das zutreffen, in bezug auf die kurzwelligen Schwankungen jedoch wird in der Praxis oft genug das Gegenteil bewiesen. Es soll nun an Hand sich über längere Zeiträume erstreckender Beobachtungen versucht werden, diese Frage zu beantworten.

Zur Untersuchung gelangte in allen Fällen eine amerikanische Baumwolle 1 1/8" mit einer mittleren Stapellänge von 21 mm. Zur Bestimmung der Variationskoeffizienten der Masse der Bänder, Lunten und Garne wurde vornehmlich die Methode des Schneidens und Wiegens benutzt. Die Entnahme der Werte erfolgte für den ersten Versuch aus der laufenden Produktion über einen Zeitraum von 8 Tagen. Für die geschnittenen und gewogenen Proben wurde die Auswertung rechnerisch durch klassenweises Zusammenfassen vorgenommen. In den anderen Fällen kam der Gleichmäßigkeitsprüfer USTER mit dem Integrator bzw. mit dem Masing-Auswerter zum Einsatz. Für die erste Versuchsserie wurden die Faserbänder in der Streckerei gleichzeitig durch die nachfolgend genannten Aggregate geschleust:

1. 2 Passagen Howard & Bullough-Strecken,
2. 3 Passagen Howard & Bullough-Strecken,
3. 2 Passagen Zinser-Strecken.

Die sich hier anschließende Weiterverarbeitung war für alle Materialien auf den gleichen Maschinen über einen Grobflyer und über eine Ringspinnmaschine. Der zugehörige Spinnplan von der letzten Strecke ab ist in der Tabelle 1 wiedergegeben.

Das Ergebnis der Untersuchungen ist aus der Tabelle 2 ersichtlich. Zunächst sollen die bei den üblichen Prüflängen (3, 20, 100 m) gewonnenen Ergebnisse miteinander verglichen werden. Die 3 m-Sortierungen der Ausstrecken zeigen in ihren Werten, die zwischen 1,6 und 1,8 % liegen, praktisch keinen Unterschied. Die Usterprüfung ergibt für die 2 Passagen Howard & Bullough-Strecken die schlechtesten und für die 2 Passagen Zinser-Strecken die besten Resultate. Diese Rangfolge des kurzwelligen Verhaltens bleibt über den Flyer bis zur Ringspinnmaschine hin erhalten, wie sich aus dem Vergleich der in der Tabelle 2 aufgeführten Werte ergibt.

Anders liegen die Verhältnisse bei der Nummernhaltung. Zwar deckt sich die Rangfolge der 20 m-Sortierung der Lunten noch mit der 3 m-Sortierung der Streckenbänder, beim Garn hingegen tritt eine Verschiebung der Rangfolge

Forschungsberichte des Wirtschafts- und Verkehrsministeriums Nordrhein-Westfalen

Tabelle 1

	Nm Vorlage	Verzug	Dublierung	Nm Ablieferung
Ausstrecke	0,34	6	6	0,34
Grobflyer	0,34	5	1	1,70
Ringspinnmaschine	1,70	20	1	34,00

Tabelle 2

Prüfstelle	Prüfart	Prüflänge in m	Variationskoeffizient 2x H. & B.	3x H. & B.	2x Zinser	Probenanzahl
Ausstrecke	Uster	0,01	5,1	4,1	3,5	-
	Wägung	0,35	3,1	2,6	2,5	400
	Wägung	3	1,7	1,6	1,8	400
Flyer	Uster	0,01	7,1	6,2	5,8	-
	Masing	0,027	6,9	5,9	5,4	1000
	Wägung	20	1,8	1,8	1,9	150
Ringspinnmaschine	Masing	0,01	12,7	11,6	10,9	1000
	Wägung	1	7,8	7,0	6,6	200
	Wägung	10	4,5	4,2	2,9	200
	Wägung	100	2,9	2,6	2,0	200
	Wägung	500	2,35	1,9	2,65	200

sehr zu Gunsten des zweimal über die Zinser-Strecken verarbeiteten Materials ein. Da alle Bänder auf den gleichen Maschinen kurzzeitig nacheinander verarbeitet wurden, sieht man zunächst keinen Grund für diese Verschiebung der Rangfolge. Um die Verhältnisse zu klären, haben wir zusätzlich weitere Längen geprüft und in der Abbildung 1 die Variationskoeffizienten über dem Produkt Länge x Verzug mit ihren Vertrauensgrenzen für $S = 95\%$ aufgetragen. Der Verzug des Garns wurde 1 gesetzt, so daß die Kurven der Vorprozesse um den Betrag des Verzuges nach rechts verschoben sind. Die Prüflängen sind demnach nur für das Garn direkt aus der Abszisseneinteilung ablesbar.

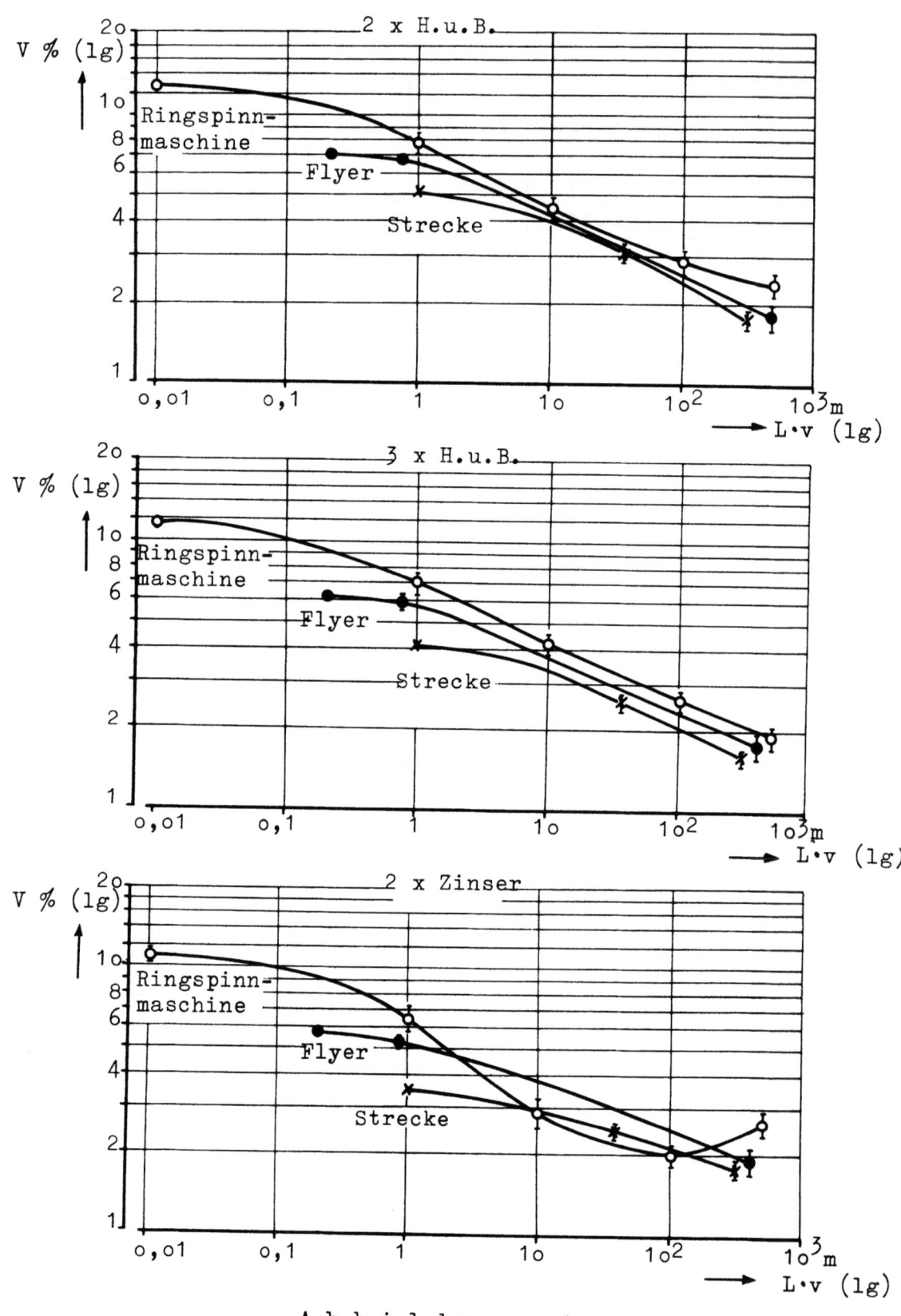

A b b i l d u n g 1

Die längenabhängigen Variationskoeffizienten der über Howard & Bullough (H.u.B.)- und über Zinser-Strecken verarbeiteten Materialien

Forschungsberichte des Wirtschafts- und Verkehrsministeriums Nordrhein-Westfalen

Diese Darstellungsweise, die bereits an anderer Stelle (1) benutzt wurde, hat den Vorteil zu zeigen, inwieweit und in welchem Längenbereich ein Zuwachs an Ungleichmäßigkeit von Passage zu Passage stattfindet. Im vorliegenden Fall erkennt man bei allen drei Prozessen einen deutlichen Zuwachs an Ungleichmäßigkeit im kurzwelligen Bereich durch den Flyer und durch die Ringspinnmaschine. Es sind dies einmal die bekannten, durch die endliche Faserlänge bedingten statistischen Schwankungen, die nach Martindale um so stärker ausfallen, je feiner der Faserverband wird, und zum anderen die Verzugswellen, die als unumgängliche Folge des Vorhandenseins von Kurzfasern beim Zylinderverzug auftreten.

Die kurzwelligen Schwankungen sind aber in diesem Rahmen weniger von Interesse als die mittel- und langwelligen. Der Flyer zeigt beim zweimal über die Howard & Bullough-Strecken verarbeiteten Material praktisch keinen, bei den anderen Materialien einen nur sehr kleinen, jedenfalls statistisch nicht gesicherten Zuwachs an diesen Ungleichmäßigkeiten. Die Garnkurven sind unterschiedlich zu beurteilen. Das zweimal über die Howard & Bullough-Strecken verarbeitete Material liegt für das Garn im mittelwelligen Bereich gut, im langwelligen Bereich ergibt sich ein Zuwachs. Dieser ist erst durch die 500 m-Sortierung statistisch gesichert. Der Grund des Zuwachses ist indes unklar. Bei dem über 3 Strecken Howard & Bullough verarbeiteten Material ist ein mäßiger Zuwachs bei allen Längen zu erkennen, der durchaus tragbar ist. Bei dem über 2 Strecken Zinser verarbeiteten Material ergibt sich im Garn ein doppelter Widerspruch; denn einmal müßte laut Abbildung 1 im mittelwelligen Bereich relativ eine Vergleichsmäßigung gegenüber der Lunte stattgefunden haben, was ohne Dublierung oder ohne den Einsatz von Regelorganen jedoch nicht möglich ist. Zum anderen liegt die 500 m-Sortierung nicht nur in der Tendenz, sondern auch dem Betrag nach höher als die 100 m-Sortierung, und das ist bei Vorhandensein einer Normalverteilung nicht möglich. Also sind entweder bei 10 und 100 m Periodizitäten vorhanden, die das Ergebnis nur verbessern, nicht aber verschlechtern können, oder es liegen Fehler in der Probenahme vor. Letzteres muß eher angenommen werden.

Bei einer zweiten Versuchsserie wurden 2 bzw. 3 Ingolstadt-Strecken miteinander verglichen. Die Probenahme erfolgte über einen Zeitraum von 15 Tagen, und zwar bei den Strecken zufällig und bei den Flyern und Ringspinnmaschinen immer von den gleichen Spindeln. Den hierzu gehörigen Spinnplan zeigt die Tabelle 3.

Tabelle 3

	Nm Vorlage	Verzug	Dublierung	Nm Ablieferung
Ausstrecke	-	-	-	0,28
Grobflyer	0,28	4,1	1	1,15
Mittelflyer	1,15	4,35	2	2,5
Ringspinnmaschine	2,5	16	1	40

Die Ergebnisse sind aus der Tabelle 4 zu ersehen. Danach liegt das zweimal gestreckte Material bei allen geprüften Längen schlechter als das dreimal gestreckte. Diese Tendenz setzt sich über beide Flyer bis zum Garn hin fort.

Tabelle 4

Prüfstelle	Prüfart	Prüflänge in m	Variationskoeffizient 2 x Ingolstadt	Variationskoeffizient 3 x Ingolstadt	Probenanzahl
Ausstrecke	Uster	0,01	3,9	3,6	--
Ausstrecke	Wägung	0,35	2,8	2,4	900
Ausstrecke	Wägung	3	2,0	1,4	900
Grobflyer	Masing	0,027	6,8	6,8	1000
Grobflyer	Wägung	20	2,3	1,95	750
Mittelflyer	Wägung	40	3,05	2,6	750
Ringspinnmaschine	Masing	0,01	12,6	11,5	640
Ringspinnmaschine	Wägung	100	4,2	3,5	280

Interessant ist es, die Variationskoeffizienten wiederum über dem Produkt Länge x Verzug aufzutragen, wobei auch hier vom Garn aus rückwärts gegangen wurde (Abb. 2). Man sieht, wie sich das zweimal gestreckte Band über dem dreimal gestreckten anordnet, ausgeprägt aber eigentlich nur im langwelligen Bereich. Der Grobflyer bringt den üblichen Zuwachs an Ungleichmäßigkeit, der hier aber ziemlich mäßig ausfällt. Der Mittelflyer, von dem nur die 40 m-Wägung vorliegt, zeigt für beide Materialien einen

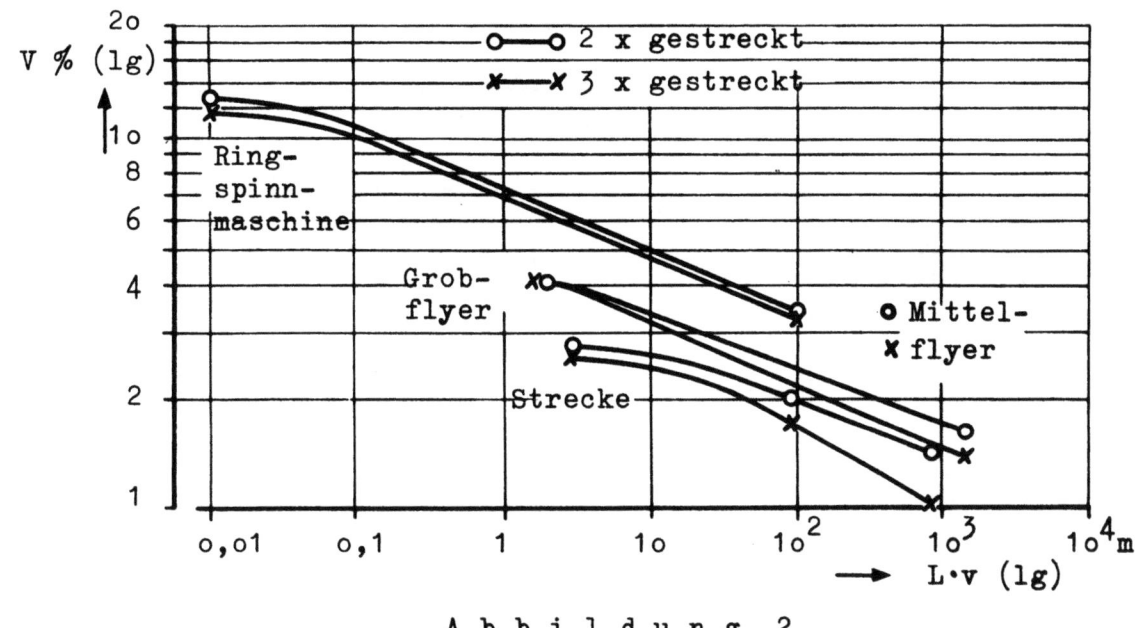

Abbildung 2

Die längenabhängigen Variationskoeffizienten der über 2 bzw. 3 Ingolstadt-Strecken verarbeiteten Materialien

beträchtlichen Zuwachs an Ungleichmäßigkeit. Damit bestätigt sich die allgemeine Erfahrung, daß insbesondere der zweite Flyer dem Garn starke langwellige Schwankungen aufdrückt. Tatsächlich zeigen beide Garnkurven demgegenüber keinen Zuwachs mehr. Es muß auf eine Zufälligkeit zurückgeführt werden, daß der Unterschied zwischen beiden Garnen im langwelligen Bereich kleiner als der der Vorlage sein soll. Der Meßumfang für die 100 m-Sortierung des Garns ist relativ klein gegenüber dem der anderen Sortierungen.

Der hier vorhandene Unterschied im kurzwelligen Bereich kommt auch in der Garntafelbeschau zum Ausdruck, bei der das dreimal gestreckte Garn im Durchschnitt besser abschneidet als das zweimal gestreckte.

Interessant war es, eine Streuungsaufteilung vorzunehmen. Für die 3 m-Sortierung der Bänder wurde diese nach den in DIN 53 804 "Auswertung der Meßergebnisse" festgelegten Richtlinien aufgespalten in den Anteil, der innerhalb einer Ablieferung besteht, und in den zwischen den Ablieferungen. Man sieht aus der entsprechenden Tabelle 5, daß ersterer gegenüber dem zweiten weit überwiegt, und zwar in bezug auf die Anzahl der Streckpassagen mit derselben Rangfolge wie der gemessene Variationskoeffizient.

Am Grob- und Mittelflyer wurde unterschieden zwischen den Variationskoeffizienten der hinteren und denen der vorderen Spulenreihen. Die

Tabelle 5

Prüfstelle		Prüflänge in m (Wägung)	Variationskoeffizient 2 x Ingolstadt	Variationskoeffizient 3 x Ingolstadt	Proben- anzahl
Ausstrecke	innerhalb Ablieferung	3	1,98	1,36	150
Ausstrecke	zwischen Ablieferungen	3	0,4	0,23	6
Grobflyer	hintere Spulenreihe	20	2,08	1,79	375
Grobflyer	vordere Spulenreihe	20	2,15	1,77	375
Mittelflyer	hintere Spulenreihe	40	2,93	1,92	375
Mittelflyer	vordere Spulenreihe	40	2,64	2,40	375
Ringspinn- maschine	hintere Spulenreihe	100	4,55	3,20	140
Ringspinn- maschine	vordere Spulenreihe	100	3,72	3,82	140

Ergebnisse sind jedoch nicht eindeutig; in der Mehrzahl der Fälle fallen die Spulen der vorderen Spulenreihe sogar besser als die der hinteren aus, was der praktischen Erfahrung widerspricht. Außerdem können die durch den Durchhang der Lunten hervorgerufenen Schwankungen der vorderen Spulenreihe höchstens ihr mittelwelliges, aber bestimmt nicht ihr langwelliges Verhalten beeinflussen. Da letzteres aber gemessen wurde, müssen die Abweichungen eine andere, vermutlich statistische Ursache haben.

Derselbe Mangel an Eindeutigkeit besteht auch bei den Garnen, bei denen nach der Herkunft ihrer Vorlage von der vorderen oder hinteren Spulenreihe unterschieden wurde. Die Resultate sind vermutlich durch die Verhältnisse der Mittelflyer beeinflußt.

Das wichtigste Ergebnis der zweiten Versuchsserie liegt in der Erkenntnis, daß der Verzicht auf eine Streckenpassage nur durch eine Verschlechterung der Nummernhaltung erkauft werden kann. Die Frage lautet nun für den Spinner, ob das Fehlen der sechs Dublagen nicht durch eine Verbesserung der Vorlage, nämlich des Batteurwickels, kompensiert werden kann.

Der Maschinenbau hat sich daher nicht ohne Grund sehr intensiv mit der Verbesserung des Vorbereitungsprozesses beschäftigt und entwickelte die sogenannten Einprozeßanlagen, die die Verkürzung des Baumwollspinnprozesses ohne Qualitätsbuße möglich machen sollen.

Die nachfolgend beschriebene Versuchsserie hat den Vergleich einiger Prozesse zum Thema, die teils von einer alten Putzerei mit Mischgefächern und teils von einer modernen Einprozeßanlage beschickt wurden. Die Spinnprozesse selbst zeigt schematisch die Tabelle 6. Vom Ausbatteur der älteren Putzerei lief das Material einmal über 3 Strecken und ein anderes Mal über 2 Strecken und 1 Bandteilungsstrecke. Die Weiterverarbeitung erfolgte sowohl über 2 Passagen als auch über 1 Passage Howard & Bullough-Flyer und außerdem über einen Howard & Bullough-Flyer mit einem Zweizonen-Hochverzugsstreckwerk von Ingolstadt. Die Wickel der Einprozeßanlage wurden über zwei moderne Strecken und über einen Hochverzugsflyer verarbeitet. Es handelt sich also hier um einen ausgesprochenen Kurzspinnprozeß.

Zur Aufnahme von Längenvariationskurven der Streckenbänder wurden über einen Zeitraum von vier Wochen täglich zwei- bis dreimal jeweils soviel Proben entnommen, daß die Variationskoeffizienten im Mittel mit einem absoluten Vertrauensbereich von 0,2 % bestimmt werden konnten. Dabei schwankte die Gesamtprobenanzahl zwischen N = 1.500 für die 1 cm- und N = 400 für die 10 m-Längen. Im einzelnen geben die Tabelle 7 und die Abbildung 3 die Ergebnisse der Wägungen und die einer Prüfung mit den Geräten Uster/Masing wieder.

Wie man feststellt, lassen die Prozesse im kurzwelligen Bereich keinen statistisch gesicherten Unterschied in der Längenvariationskurve erkennen. Im langwelligen Bereich liegt das Band des Prozesses IV eindeutig schlechter, als die anderen Bänder liegen. Dieser Unterschied fällt nicht größer aus, weil laut Tabelle 7 die alte Putzerei (Prozeß I - III) schon Kardenbänder mit einem Variationskoeffizienten von 8,7 %, die Einprozeßanlage (Prozeß IV) hingegen solche mit 6,3 % lieferte. Es findet praktisch keine oder nur eine ganz geringe Beeinflussung im kurzwelligen Verhalten der Bänder durch das dritte Strecken statt. Der Unterschied liegt lediglich in der Nummernhaltung.

Da das Kardenband seinerseits wiederum das getreue Spiegelbild des Wickels ist (2), läßt sich an Hand dieses Versuchs die Bedeutung einer gut arbeitenden Putzerei nachweisen. Ohne diese würde das Band des Kurzspinn-

Forschungsberichte des Wirtschafts- und Verkehrsministeriums Nordrhein-Westfalen

T a b e l l e 6

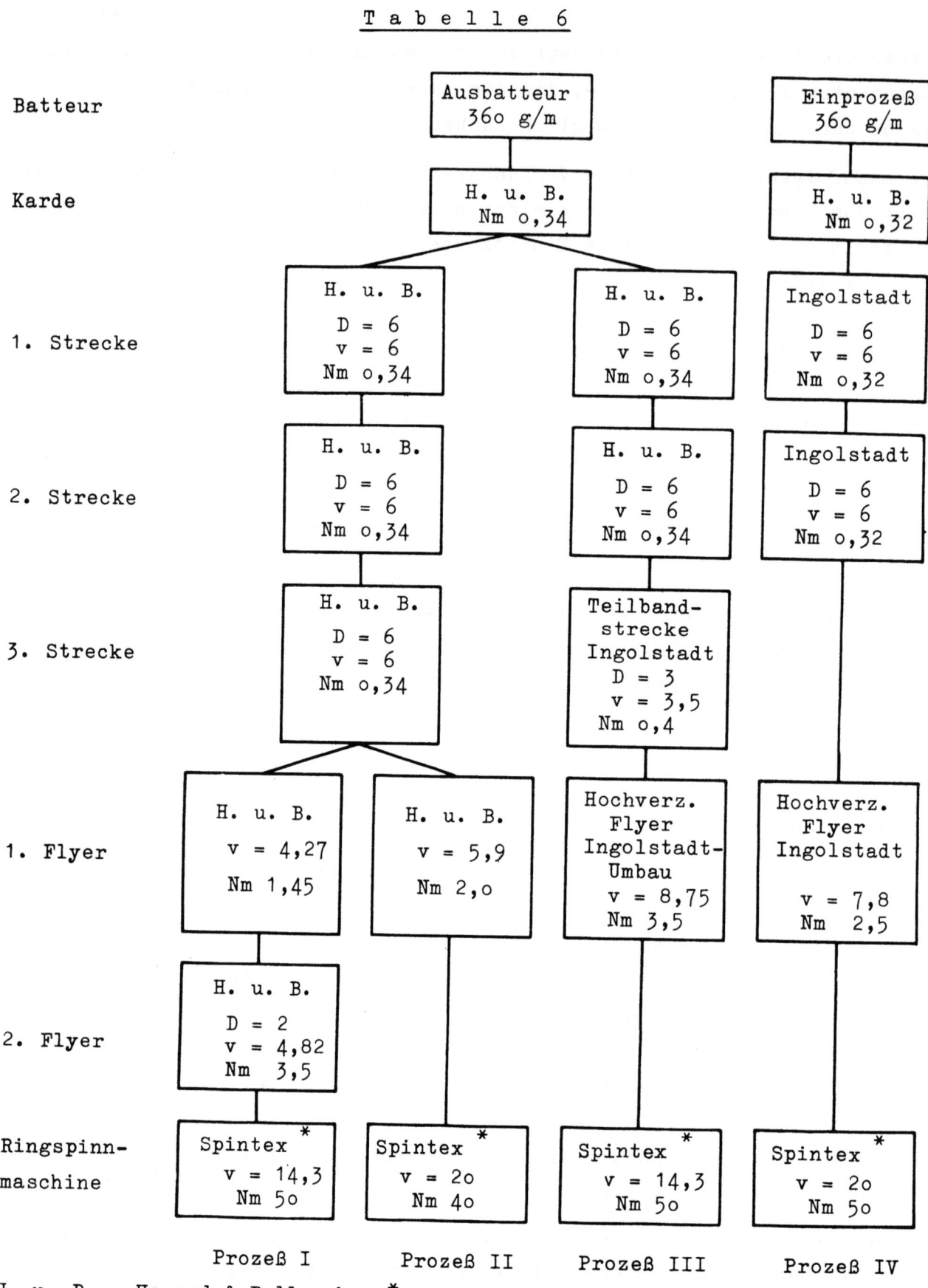

Prozeß I   Prozeß II   Prozeß III   Prozeß IV

H. u. B. = Howard & Bullough   * = Spintex-Streckwerk mit Doppelriemchen

Forschungsberichte des Wirtschafts- und Verkehrsministeriums Nordrhein-Westfalen

Tabelle 7

Meßstelle	Meßlänge in m	Variationskoeffizienten der Prozesse			Probenanzahl
		I/II	III	IV	
Karde	3	8,70 ± 1,0		6,30 ± 0,7	300
Ausstrecke	0,01	5,40	5,50	5,25	1500
	0,1	3,90	3,96	3,85	800
	1	2,40	2,24	2,58	700
	10	1,80	1,78	2,32	400

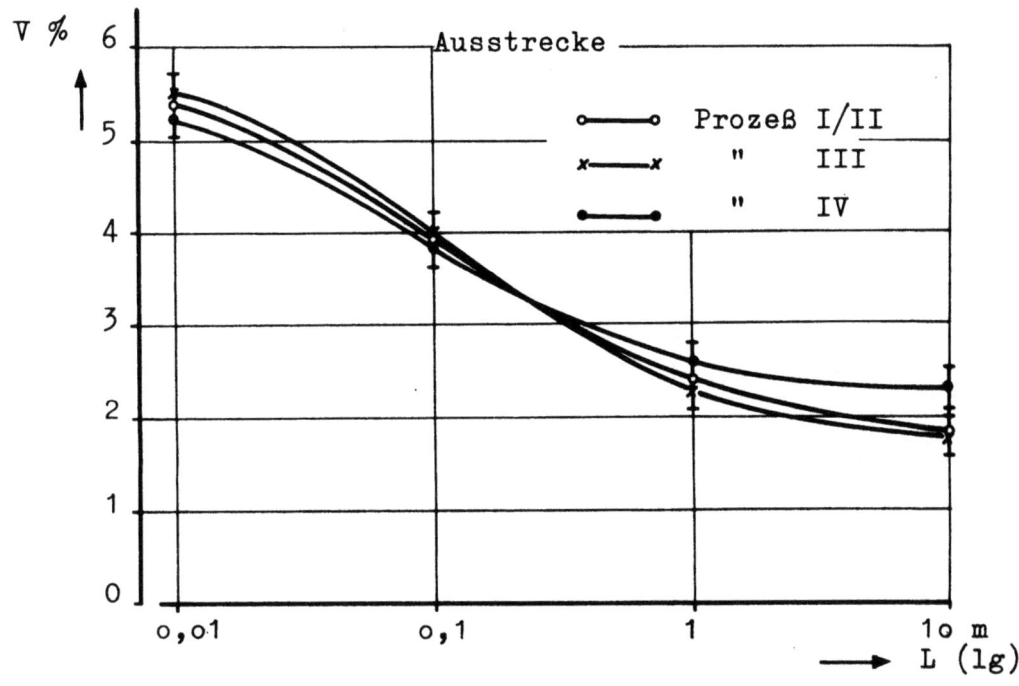

Abbildung 3

Die Längenvariationskurven der Ausstreckenbänder

prozesses IV wahrscheinlich wesentlich schlechter ausfallen, als es hier der Fall ist. Die Konsequenz daraus lautet, daß die Einsparung von Dublagen, soweit es die Masseschwankungen betrifft, durch eine Verbesserung der Vorlage kompensiert werden muß und, wie das Beispiel zeigt, auch werden kann.

Im folgenden wird die Weiterverarbeitung der vorliegenden Bänder zum Garn nach dem Schema der Tabelle 6 besprochen. Um vergleichbare Werte zu erhalten,

Forschungsberichte des Wirtschafts- und Verkehrsministeriums Nordrhein-Westfalen

wurden, von der 1oo m-Sortierung des Garns rückwärts gehend, gewichtsäquivalente (korrespondierende) Längen geschnitten und gewogen. Die in der Tabelle 8 festgehaltenen Variationskoeffizienten sind demnach nur innerhalb eines Prozesses, jedoch nicht von einem Prozeß zum anderen miteinander vergleichbar, da den entsprechenden Werten unterschiedliche Nummern bzw. unterschiedliche Längen zugrunde liegen. Lediglich die Garnwerte der Nm 5o sind direkt miteinander vergleichbar. Um das Garn der Nm 4o mit in die Beurteilung einbeziehen zu können, wurden in der Tabelle 9 die entsprechenden K-Werte niedergeschrieben.

T a b e l l e   8

Meßstelle	Meßlänge in m	Variationskoeffizienten der Prozesse				Probenanzahl
		I	II	III	IV	
Ausstrecke	0,34	3,0 (2,12)	-	-	-	6oo
	0,64	-	-	-	2,7o	3oo
	0,80	-	-	2,3o	-	2oo
	0,85	-	2,5o	-	-	5oo
1. Flyer	1,45	3,62 (2,55)	-	-	-	35o
	5	-	2,98	-	2,62	37o
	7	-	-	2,57	-	38o
2. Flyer	7	3,13	-	-	-	3oo
Ringspinnmaschine	1oo	3,99	3,38	3,o9	2,91	32o

T a b e l l e   9

Prozeß	I	II	III	IV
K (1oo m)	28,1	26,8	21,8	2o,5

Die 1oo m-Sortierung des Garns läßt sowohl mittels des Variationskoeffizienten als auch hinsichtlich des K-Wertes das Garn des Prozesses IV als das beste und das des Prozesses I als das schlechteste erkennen. Das Garn des Prozesses II fällt in Anbetracht seiner niedrigen Nummer ebenfalls verhältnismäßig schlecht aus. Um die Vorgeschichte besser erkennen zu

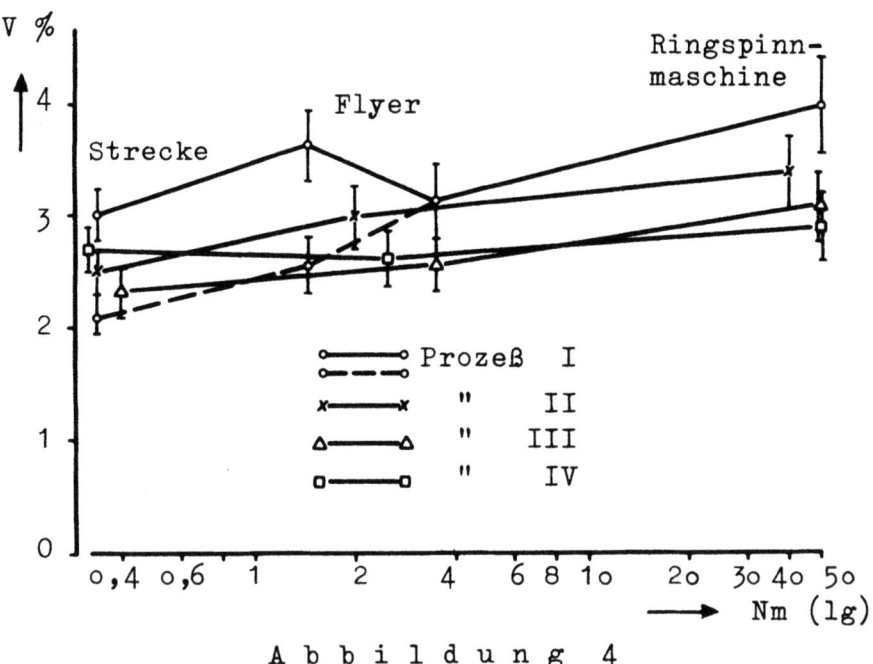

Abbildung 4

Die Variationskoeffizienten korrespondierender Längen
für die Prozesse I - IV

können, wurden die Werte der Tabelle 8 in der Abbildung 4 über der Nummer graphisch dargestellt. Man erkennt dort bis auf zwei Ausnahmen eine stetige Zunahme der Variationskoeffizienten von Maschine zu Maschine. Die Verbesserung der Lunte des Prozesses I durch den Mittelflyer ist auf die Dublierung zurückzuführen. Dividiert man die Werte der Strecke und des Grobflyers durch $\sqrt{2}$ (Maß der Vergleichmäßigung durch die Dublierung), so ergibt sich der gestrichelte Verlauf, der gut in die Gesamttendenz hineinpaßt. Der Kurvenabfall durch den Flyer des Prozesses IV ist theoretisch unmöglich und vermutlich zufälliger Art. Er ist außerdem nicht statistisch gesichert.

Diese Art der Darstellung erlaubt es, mittels der augenblicklichen Steigung die Güte der Verarbeitung jeder einzelnen Maschine abschätzen zu können. Die absolute Größe der Kurvenpunktlage hat aus den obengenannten Gründen hier keine Bedeutung. Soll sie dennoch mit in den Betrachtungskreis einbezogen werden, darf man nur Prozesse mit den gleichen Spinnplänen, jedoch verschiedenen Maschinen miteinander vergleichen. Die Güte der Verarbeitung läßt sich aber bequemer feststellen, wenn man mit Hilfe korrespondierender Längen den Verarbeitungsfaktor (1)(3) berechnet.

Dieser lautet:
$$F = \frac{V_{Vorlage}}{V_{Ablieferung}} \sqrt{\frac{Verzug}{Dublierung}}$$

F kann theoretisch zwischen 0 und ∞ schwanken, wobei 0 die schlechteste und ∞ die beste Verarbeitung darstellen.

Die Verarbeitungsfaktoren der diskutierten Versuchsserie sind in der Tabelle 1o festgehalten worden. Bei der 1. Flyerpassage ergibt sich eine ganz eindeutige Rangfolge zugunsten des Ingolstadt-Hochverzugsflyers. Der 2. Flyer (1,79) des Prozesses I arbeitet etwa genau so wie der 1. Flyer (1,71). Eigenartig sind die Unterschiede der Verarbeitungsfaktoren der Ringspinnmaschinen. Sie dürften nicht auftreten, da alle Ausspinnungen auf der gleichen Maschinentype durchgeführt wurden. Hierfür konnte keine Erklärung gefunden werden. Berechnet man den Gesamtverarbeitungsfaktor über alle untersuchten Maschinen, der gleich dem Produkt der einzelnen Verarbeitungsfaktoren ist, so ergibt sich von gut nach schlecht die Rangfolge IV, I, III, II. Dabei schneidet der Prozeß I relativ gut ab, obwohl seine einzelnen Maschinen im Vergleich zu den anderen am schlechtesten arbeiten. Der Grund liegt in dem höheren Gesamtverzug, der in den Zähler obiger Gleichung eingeht.

Tabelle 1o

	Verarbeitungsfaktoren der Prozesse			
	I	II	III	IV
1. Flyer	1,71	2,04	2,64	2,88
2. Flyer	1,79	-	-	-
Ringspinnmaschine	2,97	3,94	3,14	4,04
gesamt	9,1	8,04	8,32	11,6o

Die Diskussion kann wie folgt zusammengefaßt werden:
1. Die Streckenbänder des Prozesses IV, eines ausgesprochenen Kurzspinnprozesses, sind nur wenig schlechter als die dreimal gestreckten, da ihnen ausgezeichnete Wickel zugrunde liegen. Bei höheren Ansprüchen kann sicher nicht auf die dritte Streckpassage verzichtet werden.

2. Der Hochverzugsflyer wurde als sehr geeignet angesehen. Auch bei den weniger gut vorbereiteten Bändern lieferte er in Verbindung mit der Streckbandteilung die bessere Lunte. Die Frage, ob besser dreimal mit nur einem Flyer gestreckt werden soll, kann im vorliegenden Fall zugunsten des dreimaligen Streckens mit Bandteilung in Verbindung mit einem Hochverzugsflyer beantwortet werden.

II. Die Verwendung von 4- oder 5-Zylinder-Streckwerken in der Streckerei

Es wurden zwei Passagen Ingolstadt-Strecken miteinander verglichen, von denen die eine mit einem normalen 4-Zylinder-Streckwerk und die andere zusätzlich mit einem 5. Zylinder ausgerüstet waren. Als Material gelangte eine amerikanische Baumwolle mit einem Mittelstapel von 18,1 mm zur Verarbeitung. Beide Streckpassagen wurden von den gleichen Karden beschickt. Die Probenahme erfolgte über einen Zeitraum von 8 Tagen und die Auswertung durch klassenweises Zusammenfassen.

Das Ergebnis der Messungen ist in der Tabelle 11 wiedergegeben. Die 3m-Sortierung zeigt, wie nicht anders zu erwarten war, praktisch keinen Unterschied der Variationskoeffizienten. Dasselbe gilt auch für die 0,35m-Wägung. Die Usterprüfung ergab hingegen mit $V = 3,6$ % für das 4-Zylinder-Streckwerk einen etwas besseren Wert als für das mit einem zusätzlichen 5. Zylinder ausgerüstete Streckwerk mit $V = 4,0$ %. Demnach scheint sich dieser konstruktive Aufwand im Hinblick auf die Querschnittsgleichmäßigkeit der Bänder nicht zu lohnen.

Tabelle 11

Prüfstelle	Prüfart	Prüflänge in m	Variationskoeffizient 4 Zylinder Ingolstadt	Variationskoeffizient 5 Zylinder Ingolstadt	Probenanzahl
Ausstrecke	Uster	0,01	3,6	4,0	-
Ausstrecke	Wägung	0,35	3,1	2,95	400
Ausstrecke	Wägung	3	2,1	2,2	400

Forschungsberichte des Wirtschafts- und Verkehrsministeriums Nordrhein-Westfalen

III. Vergleich der Gesamt- und der Querstreuung verschiedener Spinnverfahren

Es wurden die in der Tabelle 12 schematisch dargestellten Prozesse über einen Zeitraum von insgesamt drei Wochen unter Auslassung der Samstage geprüft. Bei der Probenahme fanden folgende Gesichtspunkte Berücksichtigung:

1. Um die Tagesschwankungen richtig erfassen zu können, haben wir die tägliche Zeit der Entnahme von morgens am ersten Tag bis zum Abend am letzten Tag der Probenahme gleiten lassen.

2. Um die tendenzmäßigen Schwankungen innerhalb gewisser Aufmachungseinheiten erfassen zu können, wurden die Proben bei einem unterschiedlichen Füllungsgrad der Kannen bzw. bei einem unterschiedlichen Bewicklungsgrad der Spulen und Cops entnommen.

3. Zur Erfassung der Streuung zwischen den Spinnstellen wurden die Proben von vielen Spinnstellen entnommen.

4. Das Prüfklima entsprach den Normbedingungen.

Die Entnahme der Proben für die Wägungen wurde auf nachfolgende Art vorgenommen:

Wickel: je Tag und Batteur 10 Wickelgewichte. Bei drei Batteuren ergeben sich 30 Werte pro Tag und $30 \cdot 15 = 450$ Werte insgesamt.

Kardenband: von 10 Karden täglich je 10 Werte. 100 Werte je Tag ergaben 1500 Werte insgesamt.

Streckenband: täglich 10 Werte je Ablieferung. Das ergibt 60 Werte je Tag und 900 Werte insgesamt.

Flyer-Vorgarn: 10 Werte je Spule und 10 Spulen je Tag. Das ergibt täglich 100 Werte und 1500 Werte insgesamt.

Garn: 10 Werte je Cop und 10 Cops je Tag. Das ergibt täglich 100 Werte und 1500 Werte insgesamt.

Für die Usterprüfung wurde täglich eine Einheit entnommen, insgesamt also 15 Einheiten. Die Prüfung erfolgte mit einem Materialvorschub von 8 m/min und mit 10 Ablesungen in 2 1/2 min am Integrator.

Zunächst soll die Änderung der Variationskoeffizienten an den einzelnen Tagen diskutiert werden.

Forschungsberichte des Wirtschafts- und Verkehrsministeriums Nordrhein-Westfalen

Tabelle 12

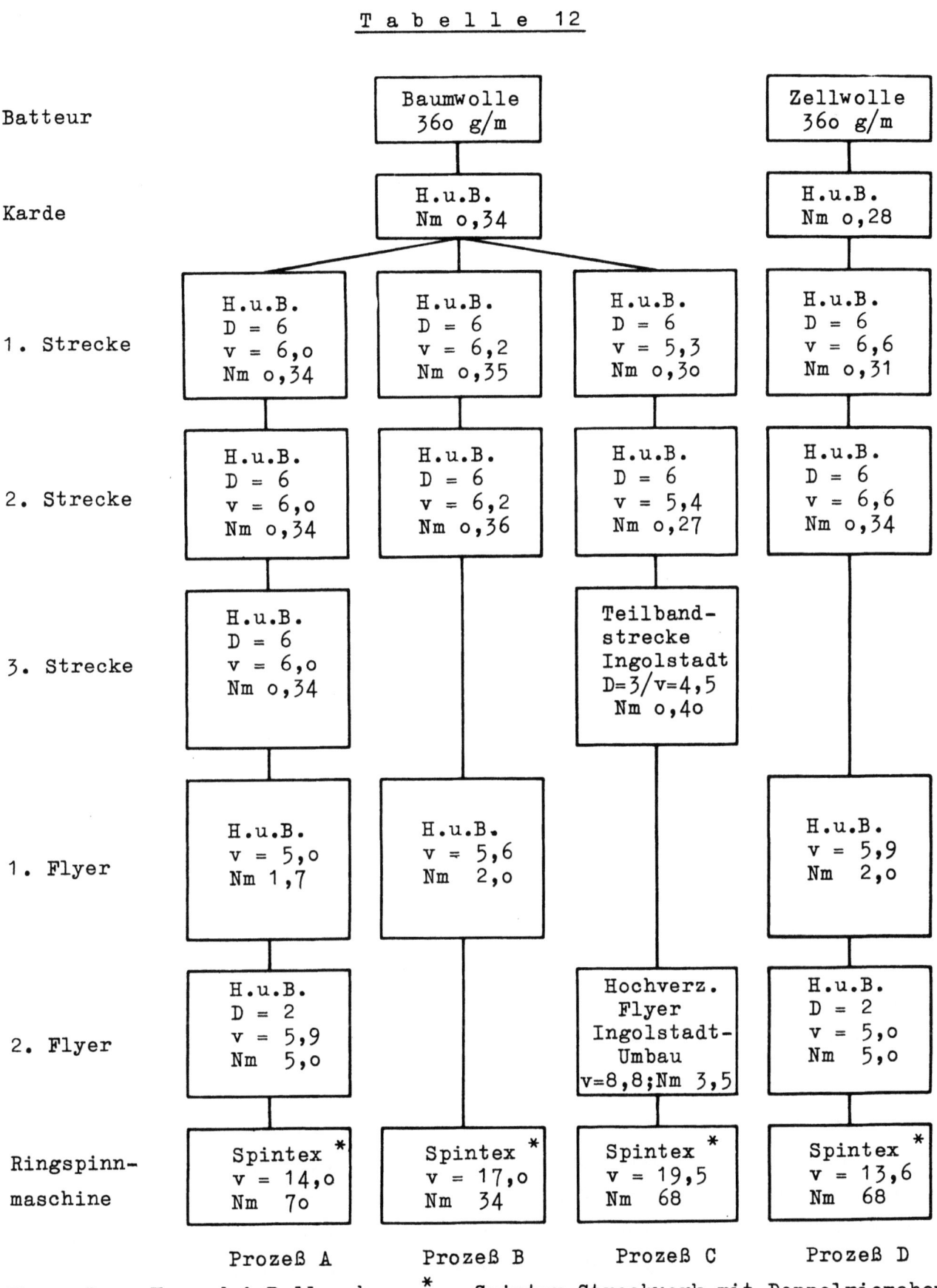

Prozeß A (Abb. 5)

Die Schwankungen des Wickelgewichts der drei Batteure können als normal angesehen werden, da allgemein mit einem Variationskoeffizienten zwischen 0,5 und 0,6 % gerechnet wird. Die am 2. und 3. Tag geprüften Wickel weisen demgegenüber eine starke Abweichung auf, die auf das kurz vorher durchgeführte Reinigen der Batteure zurückgeführt werden muß. Das Reinigen kann sich in ungünstigen Fällen bis auf 20 Wickel auswirken, manchmal ist aber auch praktisch kein nachteiliger Einfluß nachweisbar.

Die innere Ungleichmäßigkeit der Batteurwickel, gemessen mit dem Wickelprüfer Ingolstadt, erwies sich mit einem Mittelwert von $LÜ_{10\%} = 13\%$ als gut. Die Abbildung 9 zeigt die Masseschwankungen über die gesamte Länge eines Wickels.

Bei der Kardenbandprüfung fällt vor allem die Prüfung des 5. Tages aus dem Rahmen. Der Fehler war, wie eine Nachprüfung ergab, lediglich durch eine Karde verursacht und ließ sich auf eine nicht einwandfreie Vorlage zurückführen.

Die Bänder der 1. Strecke sind ebenfalls sehr ungleichmäßig. Demgegenüber ist das 2. Streckenband bedeutend gleichmäßiger. Das 3. Streckenband zeigt keine Verbesserung mehr.

Das Flyern bringt die bekannten starken Schwankungen in die Lunte. Ebenso findet man beim Garn starke Schwankungen.

Prozeß B (Abb. 6)

Die Variationskoeffizienten der Batteurwickel liegen insgesamt höher als die des Prozesses A, wohingegen die täglichen Schwankungen demgegenüber zurücktreten. Da für den Prozeß B die gleichen Batteure wie für den Prozeß A verwendet wurden, kann eine Erklärung für das unterschiedliche Verhalten nicht gegeben werden. Die Kardenbänder fallen infolge der schlechten Wickel ebenfalls schlechter aus als die des Prozesses A.

Die Bänder der 1. Strecke schwanken im Vergleich zu denen der 2. Strecke über den betrachteten Zeitraum stärker. Demgegenüber arbeitet der Grobflyer ausgezeichnet, so daß die Garnungleichmäßigkeit in dem vergleichbaren Zeitabschnitt ziemlich konstant ausfällt. Die starken Garnschwankungen der letzten Tage sind infolge Fehlens der Werte der entsprechenden Bänder und Lunten nicht reproduzierbar. Das Gesamtmittel der Garnungleichmäßigkeit

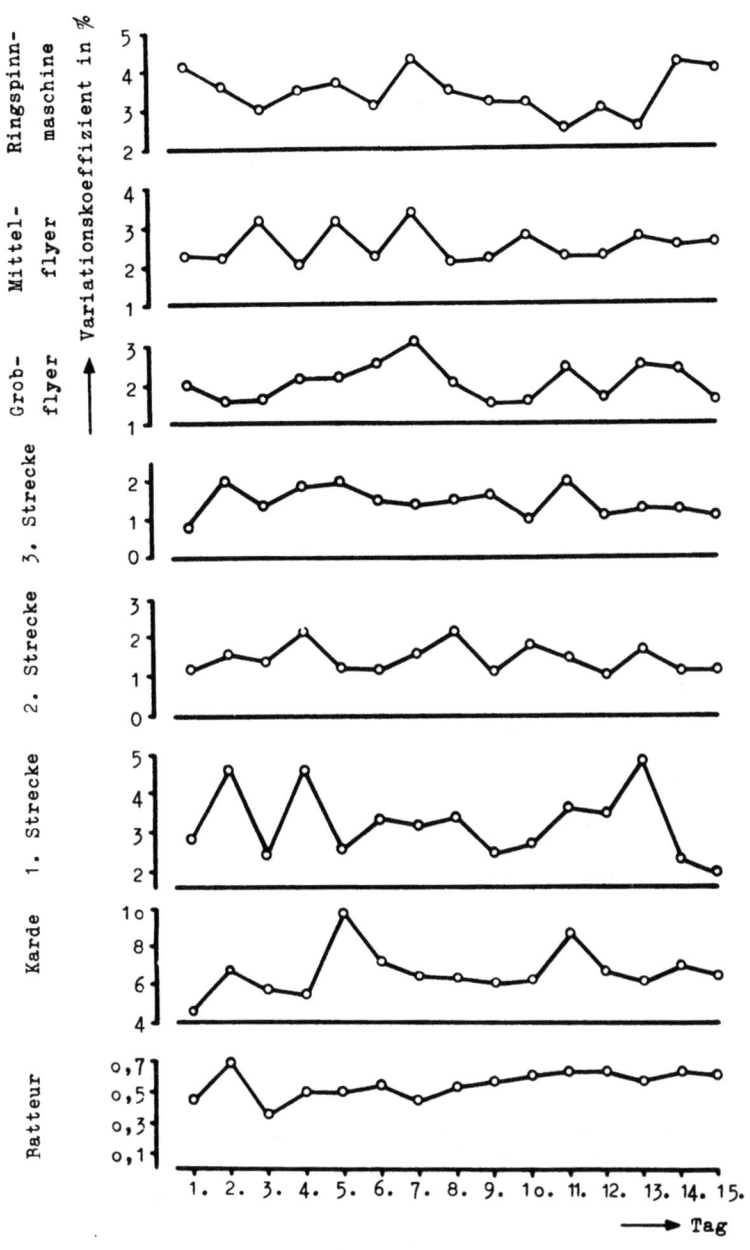

Abbildung 5

Die Variationskoeffizienten des Prozesses A an den einzelnen Prüftagen

des Prozesses B liegt tiefer als das des Garns aus dem Prozeß A. Dies ist in erster Linie auf die niedrigere Nummer zurückzuführen.

Prozeß C (Abb. 7)

Der Batteur liefert im Mittel normale Wickel, fällt aber durch seine unbeständige Arbeitsweise auf. Die Werte des 11. Tages wurden montags früh zwischen 7 und 8 Uhr gemessen, so daß man wohl zu Recht von Anlaufschwierigkeiten sprechen kann. Die Karden- und Streckenbänder fallen im Mittel

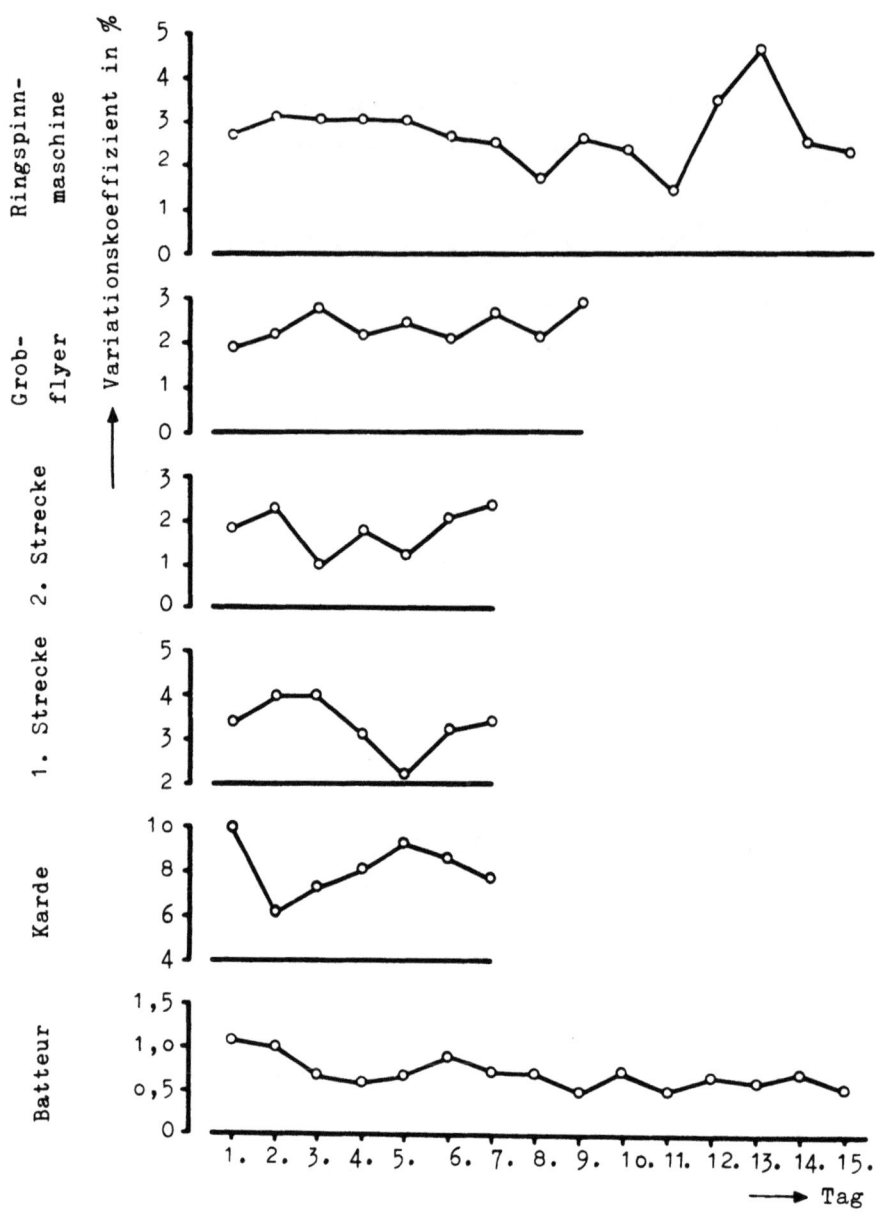

Abbildung 6

Die Variationskoeffizienten des Prozesses B an den einzelnen Prüftagen

normal aus, wenn auch die Tagesschwankungen teilweise erheblich sind. Beachtlich ist die Arbeit der Bandteilungsstrecke. Die Maschine 1 liefert ein etwas besseres Band als die Maschine 2.

Der Hochverzugsflyer arbeitet demgegenüber sehr schlecht. Ebenfalls weist das Garn starke Schwankungen auf.

Prozeß D (Abb. 8)

Der Zellwoll-Batteurwickel liegt zwar im Mittel gut, zeigt aber außerordentlich starke Schwankungen über die Gesamtzeit. Diese übertragen sich,

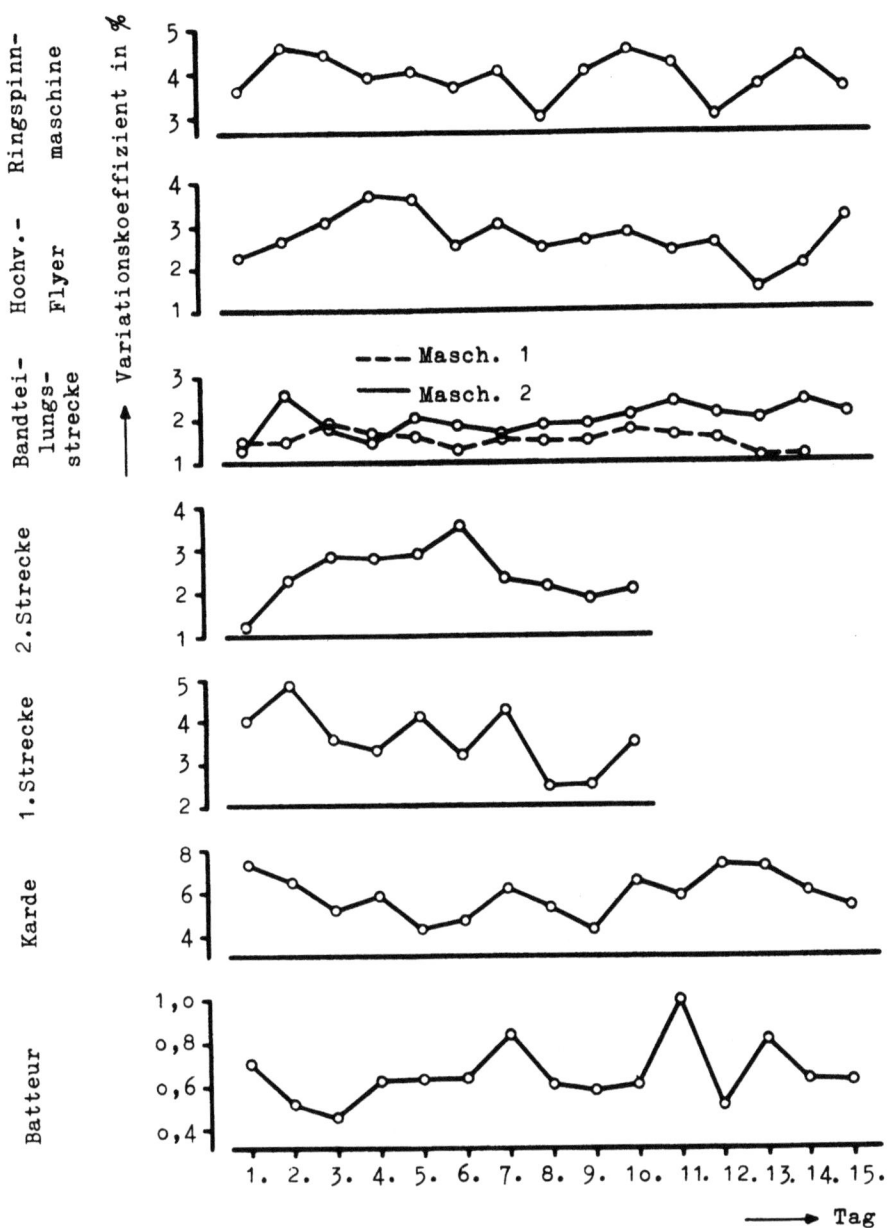

Abbildung 7

Die Variationskoeffizienten des Prozesses C an den einzelnen Prüftagen

wie man sieht, über die Karde bis zur 1. Strecke, und erst die 2. Strecke mildert sie durch die Dublierungen.

Der Grobflyer arbeitet gut, der Mittelflyer aber wieder schlechter, und die Schwankungen des Garns sind sehr beträchtlich.

Zusammenfassend kann man sagen, daß Schwankungen langwelliger Art des Wickels im allgemeinen nicht mehr zum Verschwinden gebracht werden können. Das ist auch ohne weiteres erklärlich; denn die Einheiten, die zur Dublierung

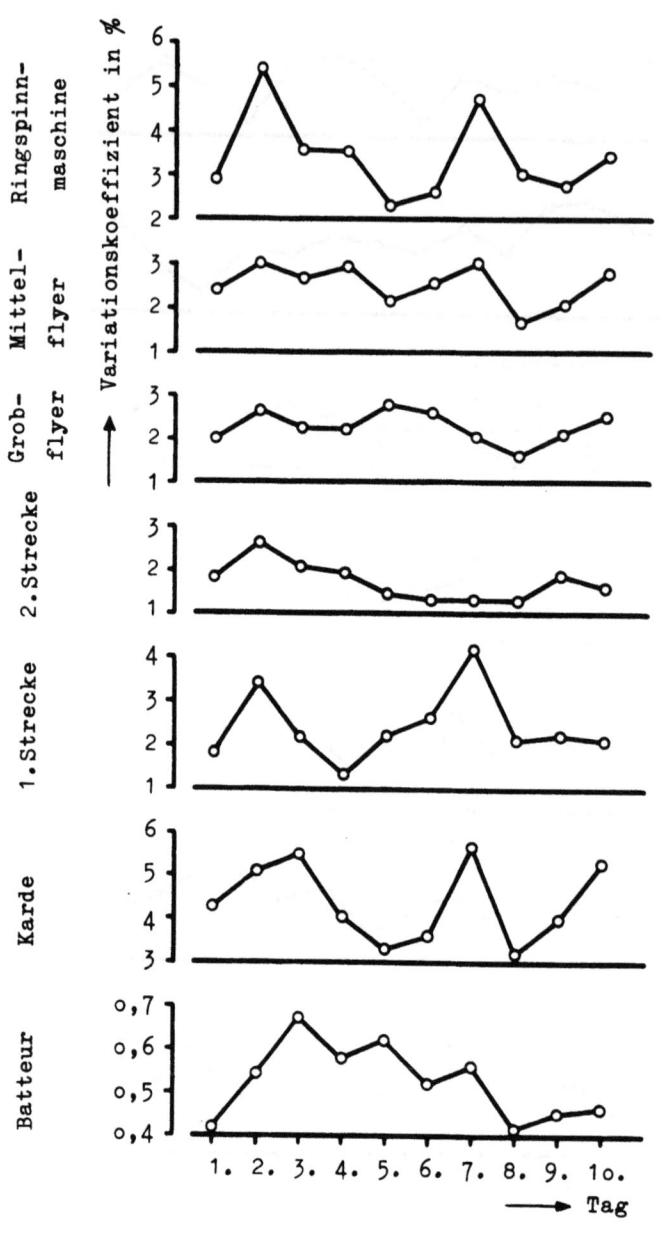

Abbildung 8

Die Variationskoeffizienten des Prozesses D an den einzelnen Prüftagen

herangezogen werden, stellen zeitlich nur ein verhältnismäßig kleines Teilkollektiv aus der Produktion von drei Wochen dar. Mithin ist es nicht übertrieben, wenn der Gewichtskonstanz des Wickels heute eine so große Bedeutung beigemessen wird. Die innere Ungleichmäßigkeit des Wickels, ausgewiesen durch die kurzwelligen Schwankungen, läßt sich hingegen im Verlauf der Weiterverarbeitung beeinflussen.

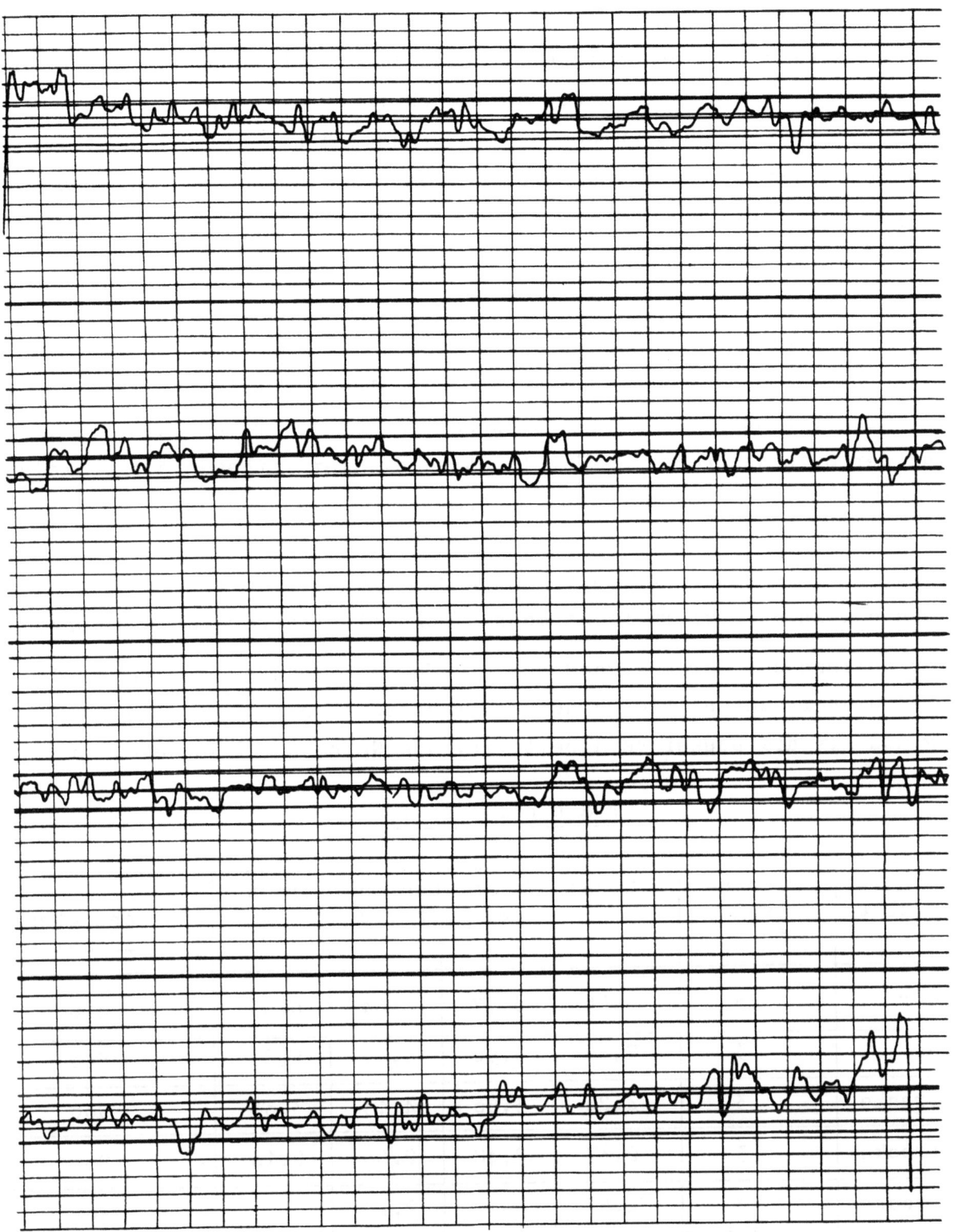

Abbildung 9
Die Masseschwankungen eines Wickels,
gemessen mit dem Wickelprüfer Ingolstadt

Nachdem bisher die zeitliche Änderung der Variationskoeffizienten betrachtet wurde, erfolgt nun an Hand der Tabelle 13 eine Besprechung der Gesamt-Variationskoeffizienten, die aus sämtlichen innerhalb der drei Wochen gewonnenen Werten berechnet wurden und naturgemäß höher als die Mittelwerte der täglichen Schwankungen ausfallen müssen. Es liegen die betriebsüblichen Prüflängen zugrunde.

Wie die am Batteur gewonnenen Ergebnisse zeigen, sind keine einheitlichen Vorbedingungen für alle vier Prozesse vorhanden. Die Wickel der Prozesse A, C und D können als etwa gleichwertig angesehen werden, die des Prozesses B sind aber demgegenüber bedeutend schlechter. Das kommt in der Ungleichmäßigkeit der Kardenbänder ebenfalls zum Ausdruck. Um so erstaunlicher ist der Zustand der Streckenbänder an der 1. Strecke. Hier verbessern sich relativ die Bänder des Prozesses B trotz der Nummernverfeinerung. Bei der 2.Strecke verschlechtern sich die Bänder des Prozesses C trotz der Nummernvergröberung. Die Ausstreckenbänder, die Lunten und die Garne sind wegen der Verschiedenheit ihrer Nummern nicht mehr direkt miteinander vergleichbar.

Zur Beurteilung der Garne wurden deren K-Werte berechnet und in der Tabelle 14 wiedergegeben. Die Garne der Prozesse A und B sind etwa gleichwertig und als die besser verarbeiteten, die Garne der Prozesse B und C

Tabelle 13

Prüfstelle	Proben-länge in m	Gesamt-Variationskoeffizient der Prozesse				Stichproben-anzahl
		A	B	C	D	
Batteur	45	0,56	0,77	0,64	0,59	450
Karde	3	7,62	8,96	6,49	5,27	1500
1. Strecke	3	4,20	3,80	4,43	3,05	900
2. Strecke	3	2,37	2,48	2,60	2,10	900
3. Strecke	3	2,67	-	2,14	-	900
1. Flyer	20	2,74	2,45	-	2,50	1500
2. Flyer	40	2,77	-	2,96	3,30	1500
Ringspinnmaschine	100	3,70	3,10	4,47	4,40	1500

sind unter sich ebenfalls gleichwertig, jedoch im Vergleich zu den ersteren als die schlechter verarbeiteten anzusehen.

Wurde bislang nur die Nummernhaltung betrachtet, so soll nunmehr noch die Prüfung des kurzwelligen Verhaltens mit herangezogen werden. Die Tabelle 15 zeigt die Ergebnisse der an den Materialien durchgeführten Usterprüfungen. Es läßt sich keine Übereinstimmung mit der Prüfung der Nummernhaltung feststellen. Dies konnte auch nicht erwartet werden, da die Prüfung kurzer Längen vorwiegend die Arbeitsweise des jeweils letzten Streckwerkes und weniger die der ganzen Maschinenpassage zum Ausdruck bringt.

Tabelle 14

Prozeß	A	B	C	D
K (100 m)	23,5	28	28	23

Tabelle 15

Prüfstelle	Usterprozente der Prozesse			
	A	B	C	D
Karde	-	-	4,1	4,5
1. Strecke	-	-	-	3,35
2. Strecke	-	-	-	3,4
3. Strecke	4,0	-	3,1	-
1. Flyer	5,6	6,1	-	6,2
2. Flyer	6,4	-	6,4	-
Ringspinnmaschine	20,1	15,3	17,9	14,35

Des weiteren soll nun die an diesen vier Prozessen durchgeführte Streuungsaufteilung besprochen werden. Dabei muß man sich zunächst vergegenwärtigen, daß der Gesamt-Variationskoeffizient einmal die Schwankungen innerhalb der Einheiten V_i (Längsstreuung) und ein anderes Mal die Schwankungen der Gewichte der gesamten Einheiten untereinander V_z (Querstreuung) in sich vereinigt. Beide Variationskoeffizienten lassen sich quadratisch addieren:

$$V_{ges} = \sqrt{V_i^2 + V_z^2}$$

V_z^2 könnte man auf direktem Weg ermitteln, indem man die ganzen Einheiten (Kannen, Spulen, Cops) einzeln wiegt. Der erhaltene Wert müßte dann lediglich um die Streuung der Tara, für die man Erfahrungswerte einsetzen kann, vermindert werden. Dieser Weg ist aber leider nicht gangbar, da die Längen der Einheiten im allgemeinen unterschiedlich ausfallen.

Man kommt zu demselben Ziel auf einem Umweg mittels der Streuungsanalyse. Laut DIN 53 804 ist $N = k \cdot l$, wobei k die Anzahl der Einheiten und l die Anzahl der Proben je Einheit bedeuten. Die Gewinnung der l Stichproben, die aus statistischen Gründen aus allen Teilen der Einheiten stammen müssen, ist umständlich, da beispielsweise bei jeder Entnahme an der Strecke diese stillzusetzen ist. Deshalb wurde l hier auf 1o beschränkt. Die Anzahl k der täglich entnommenen Einheiten war unterschiedlich, und zwar für die Garne und Lunten je 1o und für die Bänder je 6. Daraus ergab sich für erstere eine tägliche Stichprobenanzahl von 1oo und für letztere eine solche von 6o, mittels denen die Streuungszerlegung durchgeführt wurde. Dieser lagen die betriebsüblichen Längen zur Nummernbestimmung zugrunde (3, 2o, 4o, 1oo m). Das Ergebnis der Rechnung ist in den Abbildungen 1o bis 16, getrennt nach den einzelnen Verarbeitungsstufen, für die gesamte Prüfzeit dargestellt worden.

Die Karden liefern laut Abbildung 1o Bänder mit zeitlich starken Schwankungen ihrer Variationskoeffizienten (Gesamtstreuung). Eigenartigerweise folgt aber weniger die Längsstreuung als vielmehr die Querstreuung dieser Tendenz, was bedeutet, daß vornehmlich die Streuung der Kannengewichte die Ursache dieser Schwankungen ist und weniger die Streuung innerhalb der Kannen. Diese können, mit Ausnahme des Prozesses D, sogar als weitgehend konstant angesehen werden.

Die Mittelwerte der Gesamt-, der Quer- und der Längsstreuung über der Zeit sind als horizontale Linien zusätzlich in die Diagramme eingetragen worden Wie man sieht, ist die Längsstreuung durchweg größer als die Querstreuung. Eine kurze Rechnung läßt erkennen, daß dies so sein muß: Nach LOCHER (4) beträgt die sogenannte Batzengröße des Wickels, das ist die Länge der

Forschungsberichte des Wirtschafts- und Verkehrsministeriums Nordrhein-Westfalen

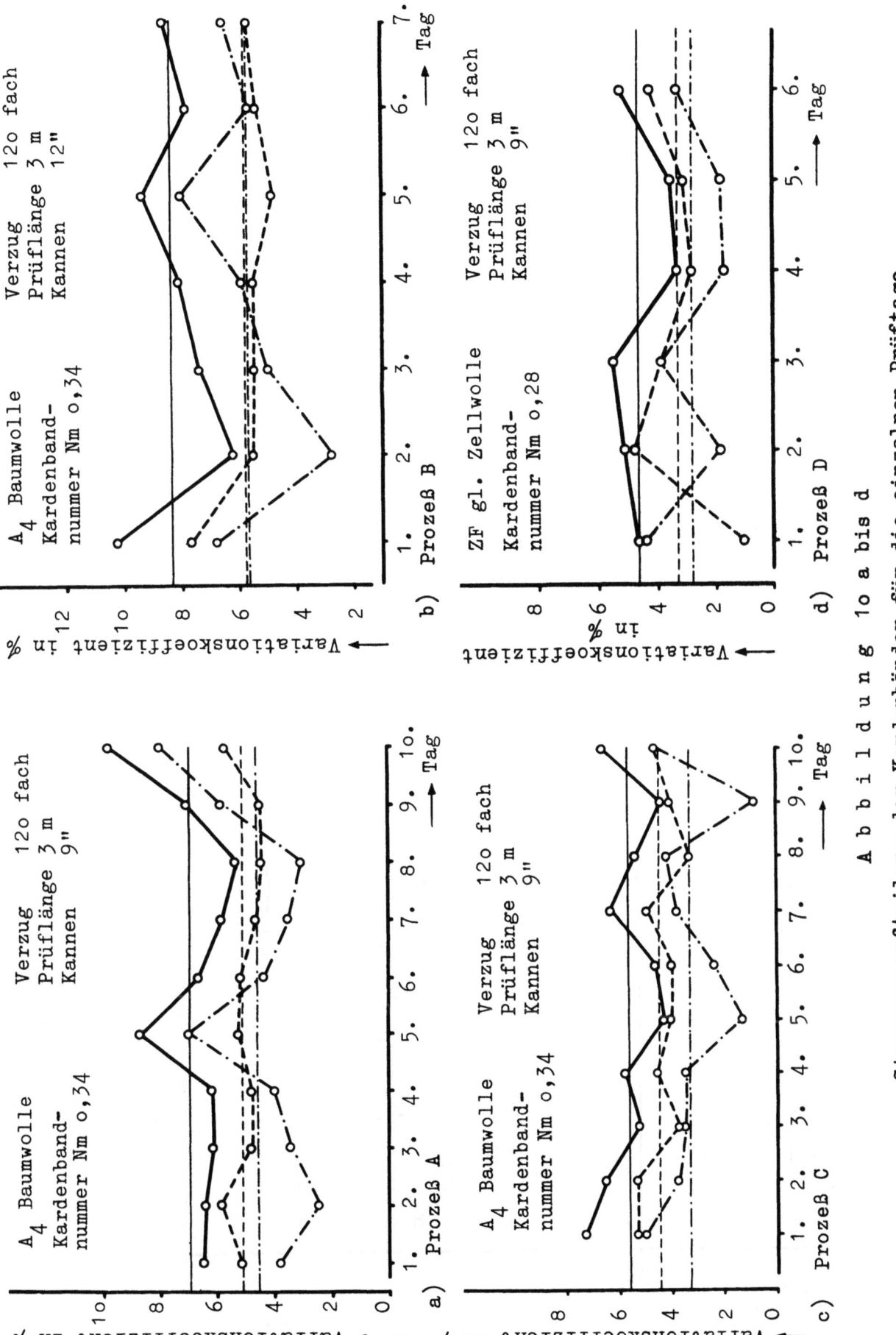

Abbildung 10 a bis d

Streuungsaufteilung der Kardenbänder für die einzelnen Prüftage

——— Gesamtstreuung   ------ Querstreuung   —·—·— Längsstreuung

Forschungsberichte des Wirtschafts- und Verkehrsministeriums Nordrhein-Westfalen

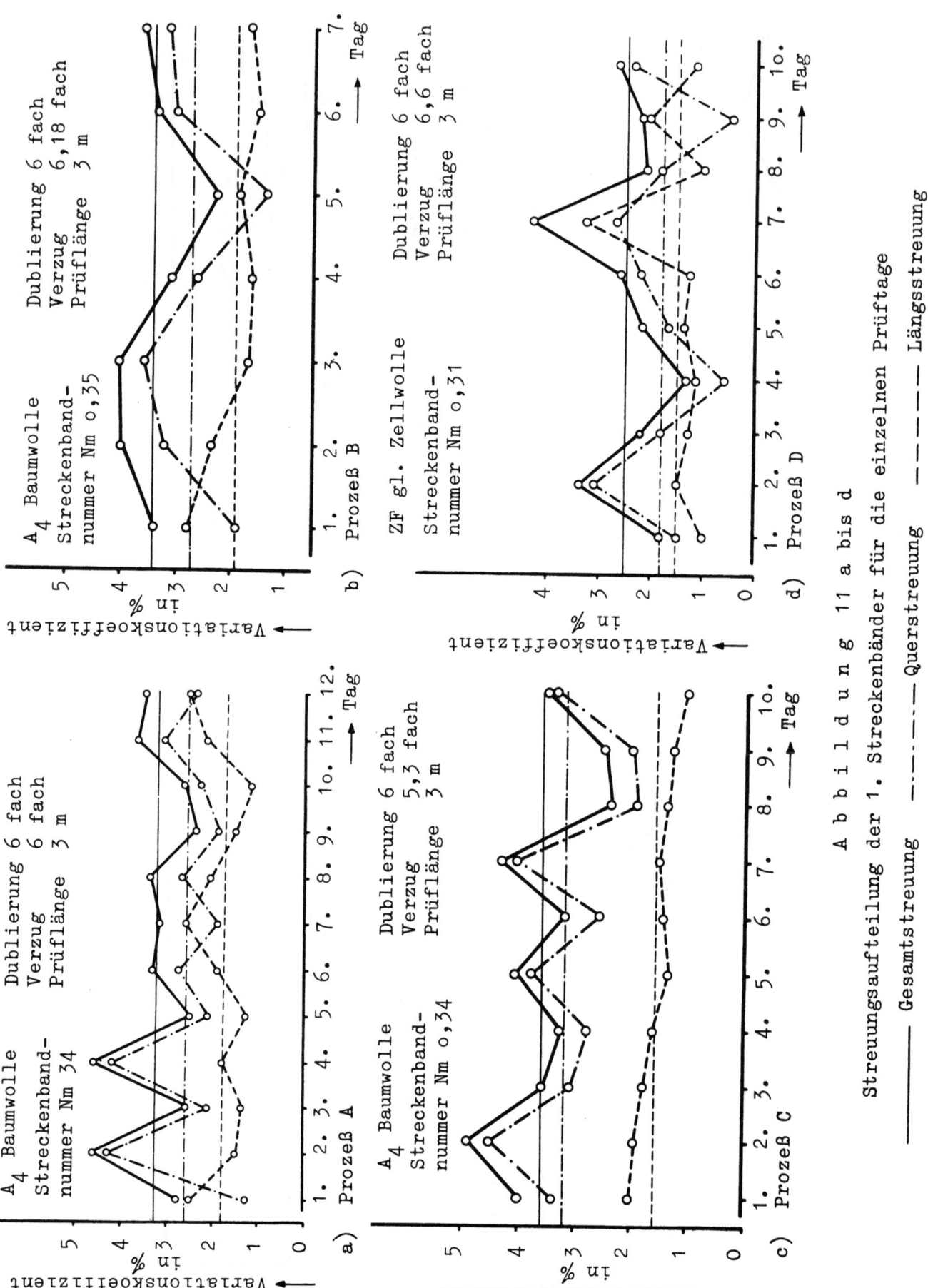

Abbildung 11 a bis d

Streuungsaufteilung der 1. Streckenbänder für die einzelnen Prüftage

——— Gesamtstreuung   —·—·— Querstreuung   – – – Längsstreuung

Forschungsberichte des Wirtschafts- und Verkehrsministeriums Nordrhein-Westfalen

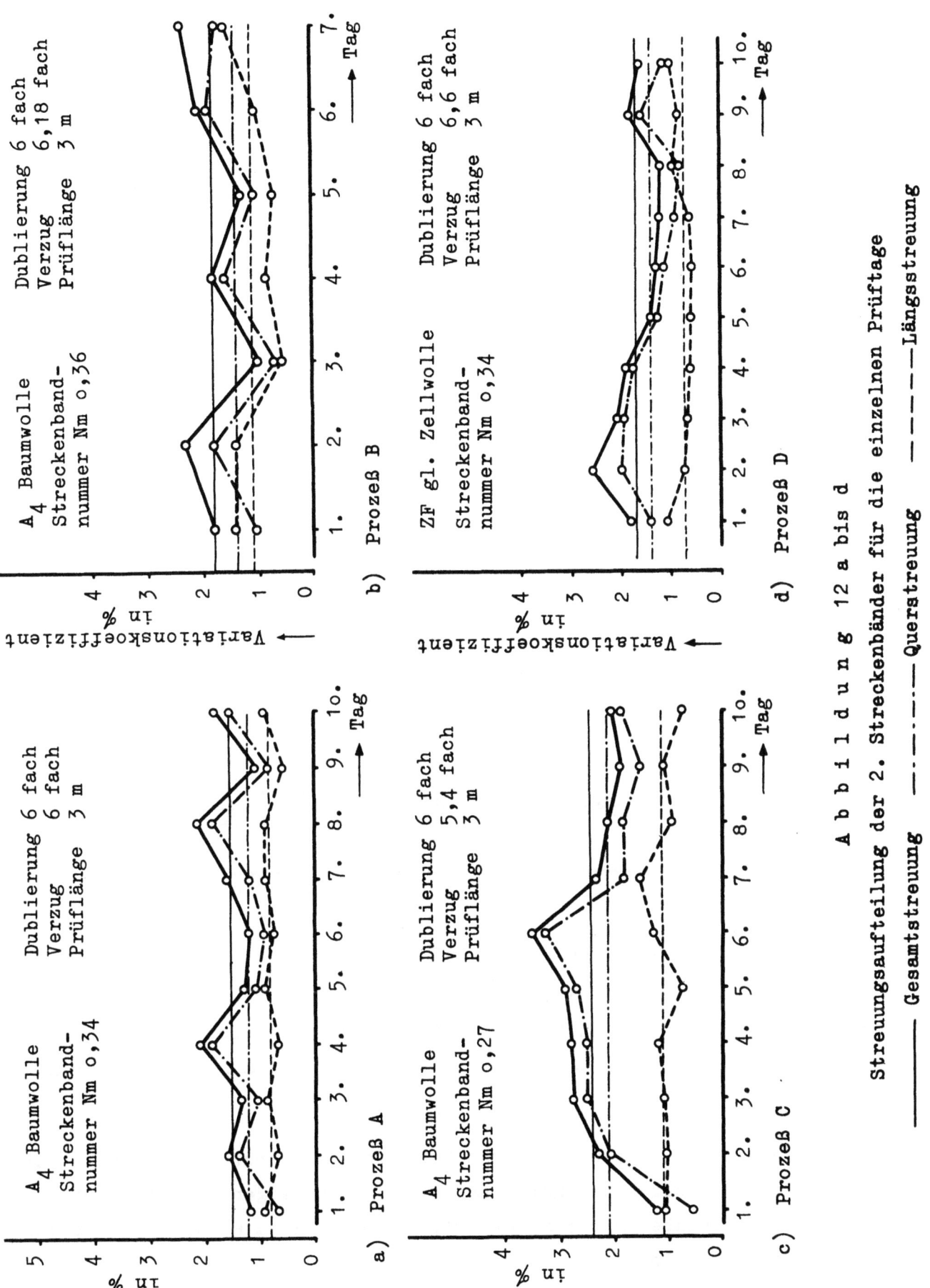

Abbildung 12 a bis d

Streuungsaufteilung der 2. Streckenbänder für die einzelnen Prüftage

——— Gesamtstreuung   —·—·— Querstreuung   — — — Längsstreuung

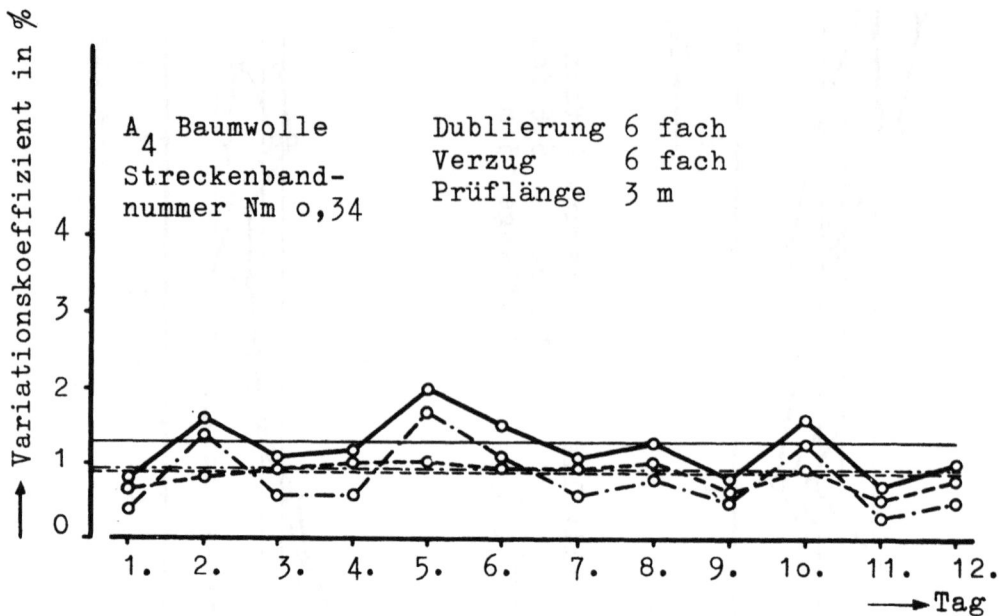

a) 3. Strecke. Prozeß A

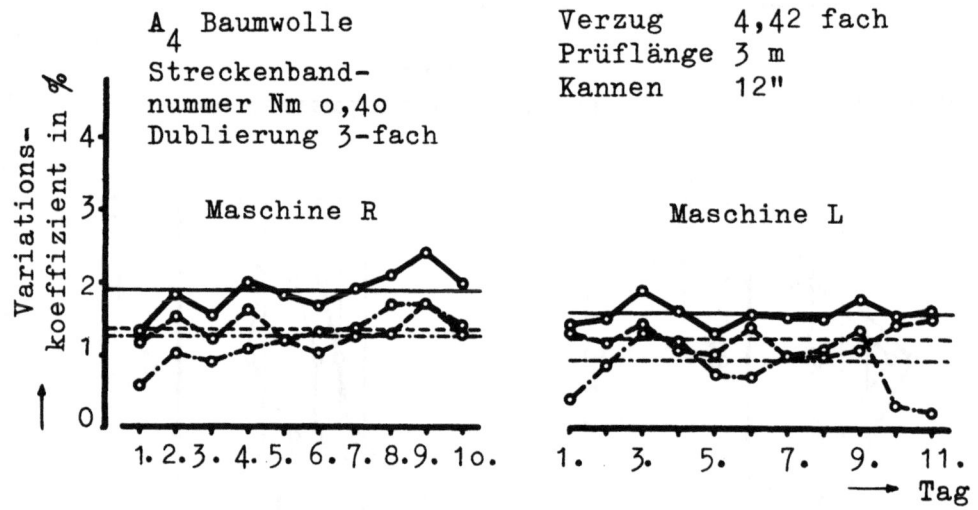

b) Bandteilungsstrecke. Prozeß C

Abbildung 13 a und b

Streuungsaufteilung der 3. Streckenbänder für die einzelnen Prüftage

——————— Gesamtstreuung   —·—·— Querstreuung   —————— Längsstreuung

Faserflockenverbände, die die starken Schwankungen verursachen, ca. 6 bis 7 cm. Diese werden durch die Karde auf etwa 7 m verzogen. Da die Prüflänge an der Karde aber nur 3 m beträgt, erfaßt sie in etwa diese vom Wickel herrührenden Wellen.

Forschungsberichte des Wirtschafts- und Verkehrsministeriums Nordrhein-Westfalen

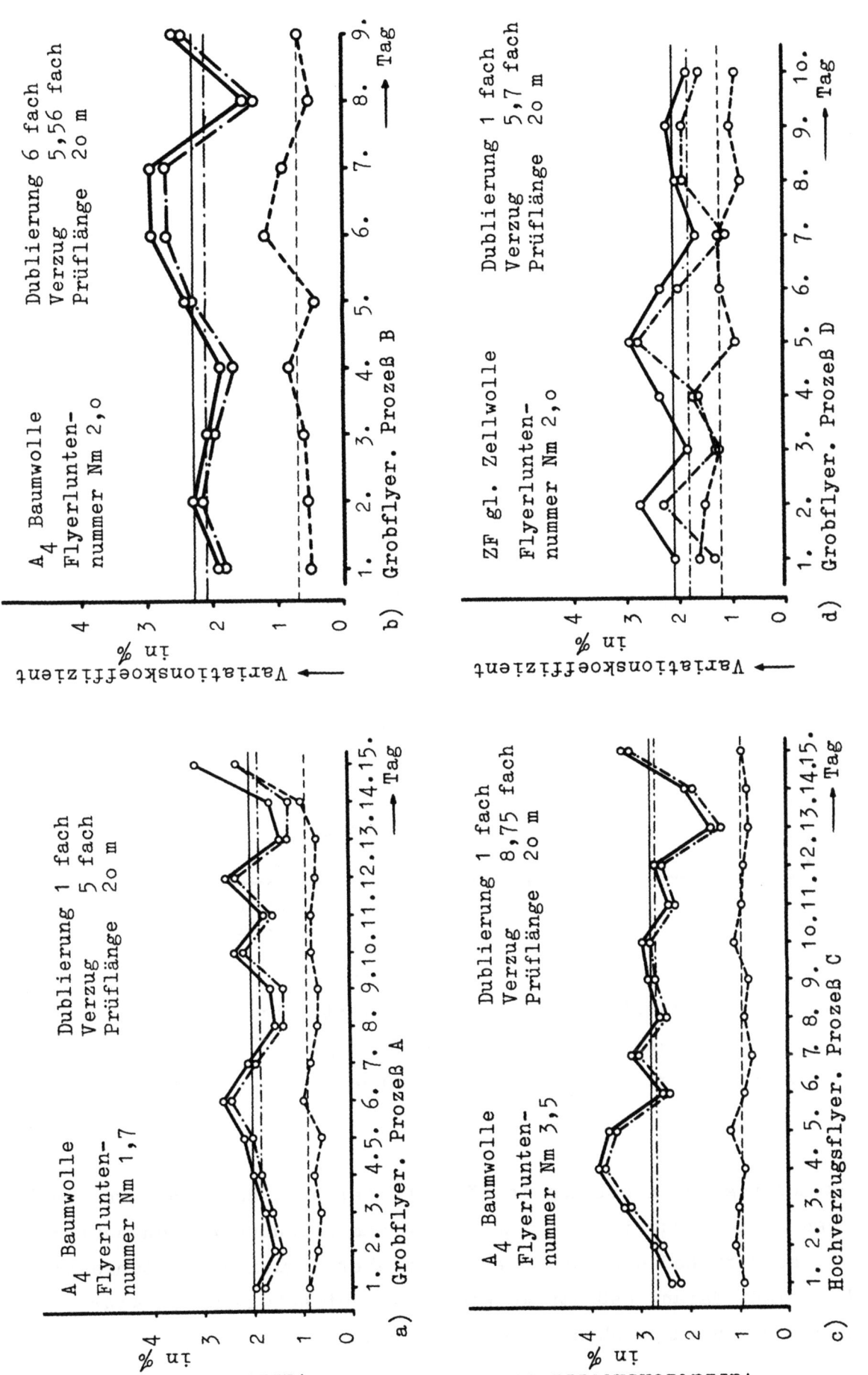

Abbildung 14 a bis d
Streuungsaufteilung der 1. Flyerlunte für die einzelnen Prüftage
——— Gesamtstreuung   —·—·— Querstreuung   ――― Längsstreuung

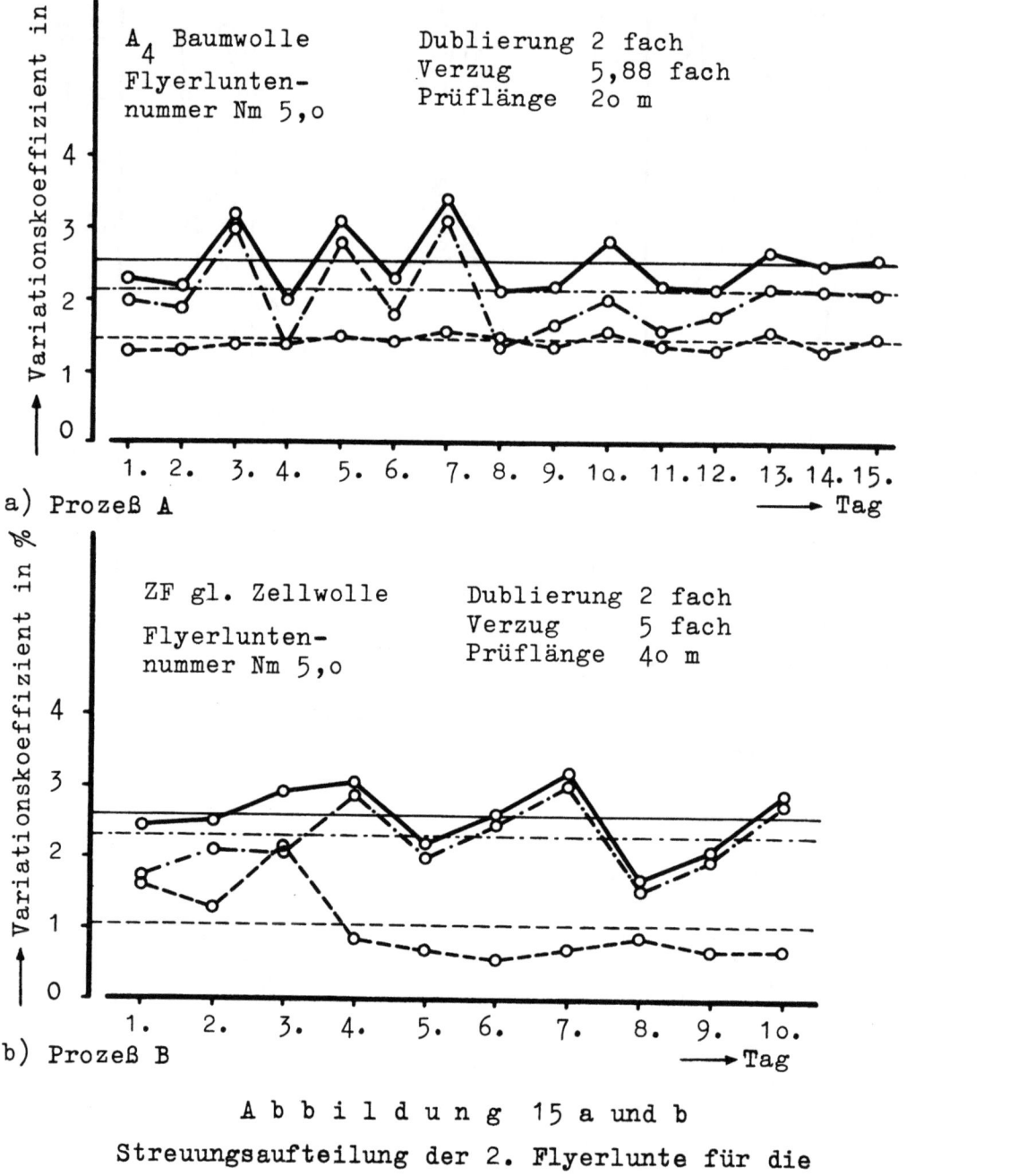

Abbildung 15 a und b
Streuungsaufteilung der 2. Flyerlunte für die
einzelnen Prüftage (Mittelflyer)

——————— Gesamtstreuung   —·—·—·— Querstreuung   — — — — — Längsstreuung

Bei der Betrachtung der Abbildung 1o fällt weiter auf, daß das Kardenband des Prozesses B nicht nur in bezug auf die Gesamtstreuung am schlechtesten abschneidet, sondern daß die Querstreuung annähernd gleich der Längsstreuung ist. Man sieht daran, daß starke Wickelgewichtsschwankungen starke Schwankungen der Kannengewichte zur Folge haben.

Forschungsberichte des Wirtschafts- und Verkehrsministeriums Nordrhein-Westfalen

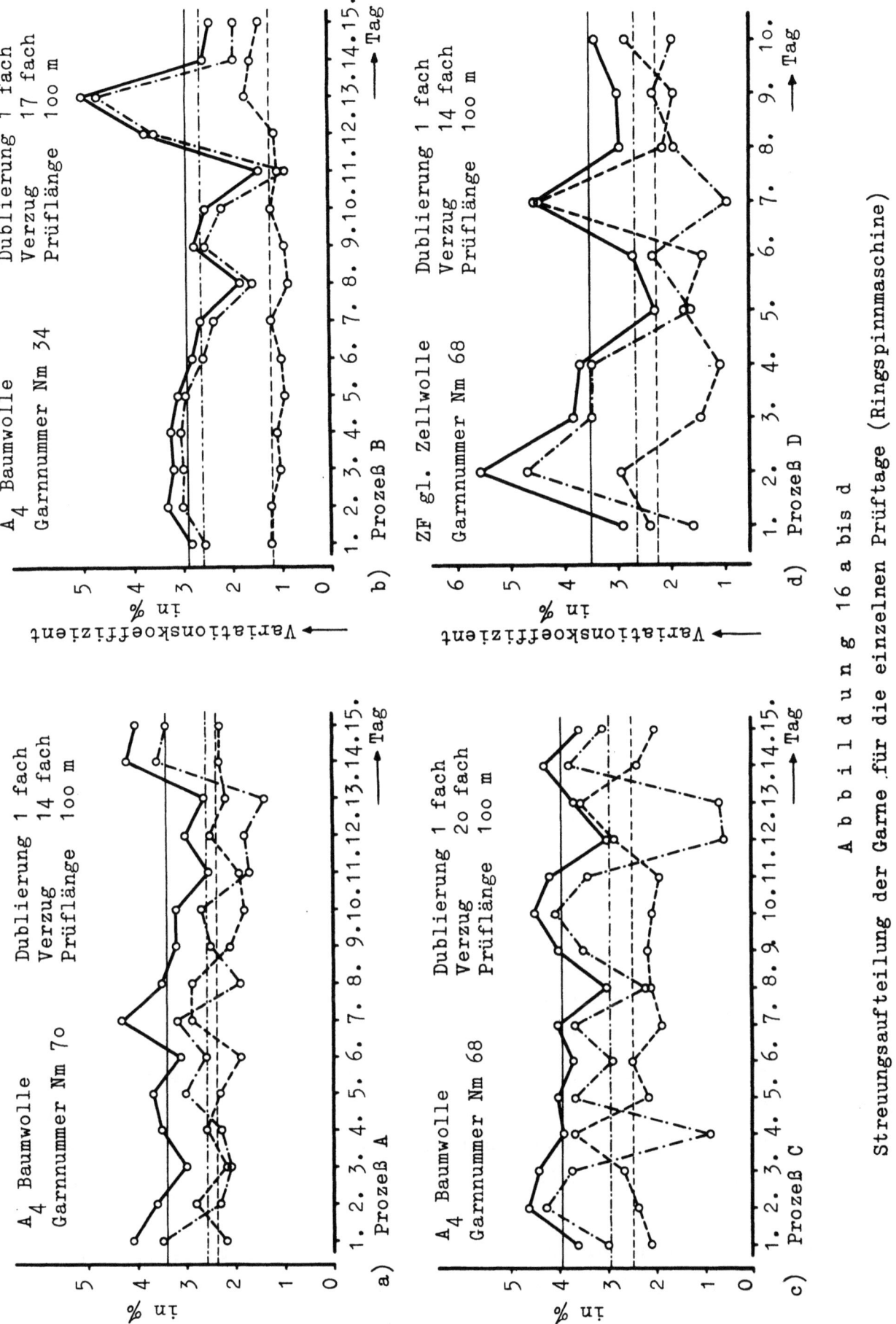

Abbildung 16 a bis d   Streuungsaufteilung der Garne für die einzelnen Prüftage (Ringspinnmaschine)
——— Gesamtstreuung   —·—·— Querstreuung   - - - - Längsstreuung

Forschungsberichte des Wirtschafts- und Verkehrsministeriums Nordrhein-Westfalen

Die Streuungszerlegung der ersten Streckenbänder über der Zeit ist aus der Abbildung 11 zu ersehen. Zunächst fällt die außerordentlich starke Unruhe der Kurven auf, die stärker als bei den Karden ist, obwohl dort die Beträge der Variationskoeffizienten größer sind. Von dieser Unruhe werden die Bänder aller 4 Prozesse erfaßt.

Bemerkenswert ist fernerhin, daß die Querstreuung durchweg die Längsstreuung der Größe nach überwiegt. Dafür kann man folgende Erklärung geben: Die durch die Wickelbatzen im Kardenband hervorgerufenen Wellen werden auf der 1. Strecke verzogen, die Bandlänge in den Kannen bleibt aber konstant. Dadurch wird das Verhältnis Bandlänge zu Wellenlänge immer kleiner, und die Längsstreuung geht allmählich in eine Querstreuung über. Am ausgeprägtesten ist dies bei den Bändern des Prozesses C.

Es ist darüber hinaus interessant, zu sehen, wie die Gesamt- und die Querstreuung in zunehmendem Maße den gleichen Verlauf aufweisen. Dies ist ebenfalls stark ausgeprägt bei den Bändern der 2. Strecke (Abb. 12). Hier, und in noch ausgeprägterem Maße bei der 3. Strecke (Abb. 13), verlaufen die zeitlichen Schwankungen allerdings wieder ruhiger.

Die Prüfergebnisse der Lunten des 1. Flyers (Abb.14) und die des 2. Flyers (Abb.15) sind charakterisiert einmal durch ebenfalls starke zeitliche Schwankungen und zum anderen durch den außerordentlich hohen Querstreuungsanteil. Der Grund kann in der Flyerregulierung gesucht werden, die den Anteil der langwelligen Schwankungen beträchtlich vergrößert (5), und in der Tatsache, daß das Spulengewicht wesentlich geringer als das der Kannenfüllung ist. Hierdurch werden die langwelligen Schwankungen des Bandes aufgeteilt und gehen direkt in eine Schwankung der Spulengewichte über. Im Gegensatz zu den Streckenbändern, wo diese Erscheinung in einem allerdings schwächeren Maße auch auftrat, wird bei dem 1. Flyer überhaupt nicht mehr und bei dem 2. Flyer nur zweifach dubliert, so daß die Auswirkungen stärker als bei den Strecken sein müssen.

Bei den Garnen (Abb.16) fallen ebenfalls die starken zeitabhängigen Schwankungen der Prüfergebnisse auf. Die Querstreuung bestimmt hier nicht mehr so eindeutig den Verlauf der Gesamtstreuung wie bei den vorhergehenden Abbildungen. Sie übertrifft die Längsstreuung dem Betrag nach weniger als bei den Lunten.

In der Tabelle 16 und in der zugehörigen Abbildung 17 ist das Ergebnis der Streuungsaufteilung für alle 4 Prozesse über den gesamten Meßumfang

Tabelle 16

mittlere Variationskoeffizienten der Prozesse

Prüfstelle	Prüflänge in m	A V_{ges}	A V_i	A V_z	B V_{ges}	B V_i	B V_z	C V_{ges}	C V_i	C V_z	D V_{ges}	D V_i	D V_z
Karde	3	6,95	5,12	4,61	8,40	5,80	5,70	5,68	4,45	3,36	4,64	3,84	2,29
1. Strecke	3	3,25	1,82	2,60	3,42	1,94	2,73	3,62	1,62	3,21	2,50	1,50	1,80
2. Strecke	3	1,56	0,85	1,28	1,84	1,13	1,41	2,43	1,11	2,11	1,80	0,70	1,40
3. Strecke	3	1,33	0,90	0,94	–	–	–	1,90	1,28	1,28	–	–	–
								1,61	1,25	0,94			
Grobflyer	20	2,03	0,89	1,84	2,31	0,72	2,19	–	–	–	2,25	1,25	1,83
Mittelflyer	40	2,54	1,48	2,14	–	–	–	2,78	0,96	2,68	2,58	1,05	2,30
Ringspinn-maschine	100	3,40	2,37	2,58	2,90	1,19	2,61	3,94	2,49	2,94	3,52	2,28	2,66

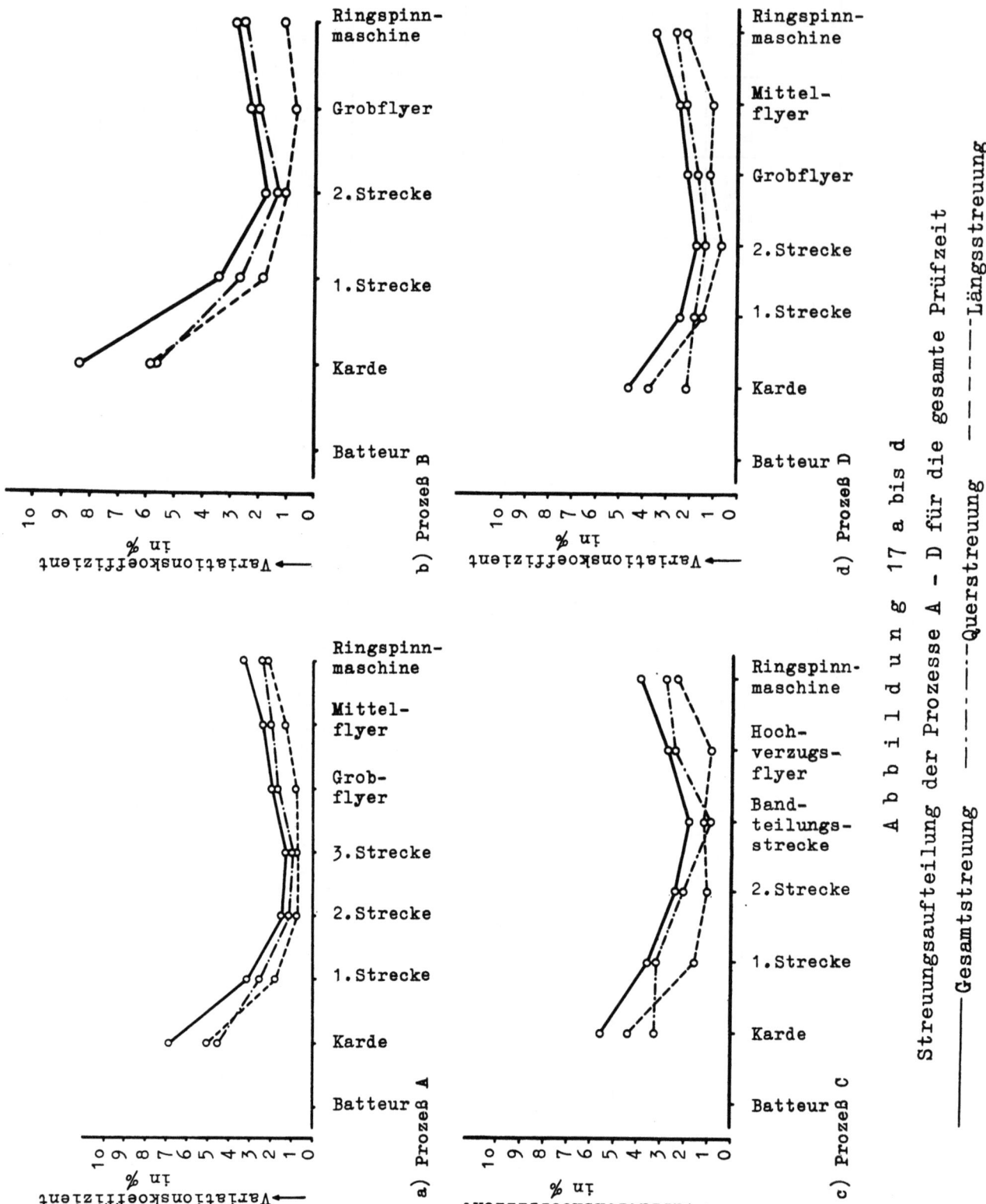

Abbildung 17 a bis d Streuungsaufteilung der Prozesse A – D für die gesamte Prüfzeit
——— Gesamtstreuung   —·—·— Querstreuung   – – – Längsstreuung

Forschungsberichte des Wirtschafts- und Verkehrsministeriums Nordrhein-Westfalen

T a b e l l e 17

Prüfstelle	Prüflänge in m	Mittlere Varianz V_i^2 und V_z^2 in Prozent von V_{ges}^2									A – D V_i^2	A – D V_z^2	A – D V_i^2/V_z^2
		A V_i^2	A V_z^2	B V_i^2	B V_z^2	C V_i^2	C V_z^2	D V_i^2	D V_z^2				
Karde	3	55	45	48	52	61	39	68,5	31,5	58	42	1,38
1. Strecke	3	31	69	32	68	20	80	36	64	30	70	0,43
2. Strecke	3	54,5	45,5	68	32	21	79	15	85	40	60	0,67
3. Strecke	3	46	54	–	–	45 / 60	55 / 40	–	–	50	50	1
Grobflyer	20	19	81	9,5	90,5	–	–	31	69	20	80	0,25
Mittelflyer	40	34	66	–	–	12	88	16,5	83,5	21	79	0,265
Ringspinn-Maschine	100	48,5	51,5	17	83	40	60	42	58	37	63	0,59

dargestellt. Die Werte müssen naturgemäß größer als die Mittelwerte für die einzelnen Tage ausfallen. Aus der Abbildung 17 sieht man, daß das Garn des Prozesses B, das als am schlechtesten verarbeitet erkannt wurde, zugleich auch den größten Querstreuungsanteil aufweist. Um die Verhältnisse besser übersehen zu können, empfiehlt es sich, die Längs- und die Querstreuung in Prozent der Gesamtstreuung auszudrücken. Es wurde hier mit der "Varianz", d.h. mit den Quadraten der Variationskoeffizienten gerechnet. Die Ergebnisse sind der Tabelle 17 zu entnehmen. Vergleicht man die Prozesse A bis D miteinander, so fällt auf, daß der Querstreuungsanteil - bis auf eine Ausnahme - beim Prozeß B am größten ist. Bei den Garnen ist der Querstreuungsanteil des Prozesses A am niedrigsten.

Faßt man die Ergebnisse aller 4 Prozesse zusammen, so kommt man zu den Werten der vorletzten Spalte der Tabelle 17. Aus ihnen erkennt man, daß bei den Kardenbändern im Mittel die Längsstreuung überwiegt, bei den Bändern der 3. Strecke Gleichheit zwischen Längs- und Querstreuung besteht und in allen anderen Fällen mehr oder weniger stark die Querstreuung überwiegt. Bildet man das Verhältnis V_i^2/V_z^2, wie es in der letzten Spalte der Tabelle 17 geschah, so ist dieses einmal >1, einmal $=1$ und in den übrigen Fällen <1. Daraus ergibt sich eine Folgerung für die Probenahme bei Zugrundelegung der betriebsüblichen Längen: Die Proben müssen vor allem quer, d.h. aus möglichst vielen Einheiten, entnommen werden. Bei der 100m-Sortierung des Garns sollte man nicht weniger als 30 Cops entnehmen.

IV. Zusammenfassung

Die vorliegende Arbeit soll zeigen, ob und wieweit der Baumwollspinnprozeß ohne Qualitätseinbuße des Garns verkürzt werden kann. Die Beurteilung bezieht sich vornehmlich auf die Gleichförmigkeit der Masse, geprüft durch Schneiden und Wiegen und mit einem kapazitiven Gleichförmigkeitsprüfer.

Im ersten Teil der Arbeit wurde der Unterschied zwischen zweimaligem und dreimaligem Strecken auf Maschinen verschiedenen Fabrikats behandelt. Dabei kommt man hinsichtlich der kurzwelligen Schwankungen des Garns zu dem Ergebnis, daß diese weniger von der Vorbereitung als vielmehr von den Verhältnissen an der Ringspinnmaschine selbst abhängen. Das langwellige Verhalten des Garns hingegen ist in erster Linie von der Gleichmäßigkeit des Batteurwickels, darüber hinaus aber auch von der Anzahl der Dublierungen auf den Strecken und von der Arbeitsweise der Flyer abhängig. Bei einer guten Einprozeßanlage kann u.U. auf die dritte Streckpassage verzichtet werden, bei höheren Ansprüchen empfiehlt sich jedoch für die Verarbeitung einer sauberen Baumwolle der Einsatz einer Bandteilungsstrecke in Verbindung mit einem Hochverzugsflyer.

Des weiteren wurde untersucht, ob bei einer modernen Strecke mit einem Zweizonenstreckwerk die Anbringung eines 5. Zylinders von Vorteil ist oder nicht. Die Ergebnisse ließen es ratsam erscheinen, auf die Anbringung des zusätzlichen 5. Zylinders zu verzichten.

Im dritten Teil der Arbeit wurde über einen Zeitraum bis zu 15 Tagen eine tägliche Streuungsaufteilung in die Streuung innerhalb der Einheiten (Längsstreuung) und in die der Einheiten selbst (Querstreuung) vorgenommen. Dabei wurde festgestellt, daß unter Zugrundelegung der betriebsüblichen Sortierlängen die Querstreuung im Durchschnitt die Längsstreuung überwiegt. Das ließ sich außer durch den Betrag dadurch gut nachweisen, daß der Verlauf der Gesamtstreuung vorwiegend durch den Verlauf der Querstreuung bestimmt wird, wohingegen die Längsstreuung bedeutend konstanter verläuft. Hieraus ist die Konsequenz zu ziehen, daß Proben zur Nummern- und Streuungsbestimmung vor allem "quer" und weniger "längs" entnommen werden müssen.

Prof. Dr.-Ing. Walther WEGENER
Dipl.-Ing. Willi ZAHN

Institut für Textiltechnik der
Technischen Hochschule Aachen

Forschungsberichte des Wirtschafts- und Verkehrsministeriums Nordrhein-Westfalen

V. Literaturverzeichnis

(1) WEGENER, W. und W. ZAHN — Die Längenvariationscharakteristik in der Spinnerei, Melliand Textilberichte 36, 686, 776, 1955

(2) WEGENER, W. und H.E. BRAUNE — Die Ungleichmäßigkeit des Kardenbandes in Abhängigkeit von der des Batteurwickels, Textil-Rundschau １o, 219, 1955

(3) MEYER, W. — Neue Wege in der Zellwollverarbeitung, Textil-Praxis 8, 375, 1953

(4) LOCHER, H. — Die Ungleichmäßigkeit des Batteurwickels, Mitteilungen der Zellweger AG Nr. 133 548 D

(5) WEGENER, W. und H.E. BRAUNE — Die Flyerregulierung und ihre Auswirkung auf das Vorgespinst, Melliand Textilberichte 36, 982, 1955

FORSCHUNGSBERICHTE DES WIRTSCHAFTS- UND VERKEHRSMINISTERIUMS NORDRHEIN-WESTFALEN

Herausgegeben von Staatssekretär Prof. Leo Brandt

HEFT 1
Prof. Dr.-Ing. E. Flegler, Aachen
Untersuchungen oxydischer Ferromagnet-Werkstoffe
1952, 20 Seiten, DM 6,75

HEFT 2
Prof. Dr. W. Fuchs, Aachen
Untersuchungen über absatzfreie Teeröle
1952, 32 Seiten, 5 Abb., 6 Tabellen, DM 10,—

HEFT 3
Techn.-Wissenschaftl. Büro für die Bastfaserindustrie, Bielefeld
Untersuchungsarbeiten zur Verbesserung des Leinenwebstuhls
1952, 44 Seiten, 7 Abb., 3 Tabellen, DM 12,50

HEFT 4
Prof. Dr. E. A. Müller und Dipl.-Ing. H. Spitzer, Dortmund
Untersuchungen über die Hitzebelastung in Hüttebetrieben
1952, 28 Seiten, 5 Abb., 1 Tabelle, DM 9,—

HEFT 5
Dipl.-Ing. W. Fister, Aachen
Prüfstand der Turbinenuntersuchungen
1952, 40 Seiten, 30 Abb., 3 Schaltbilder, DM 1,—

HEFT 6
Prof. Dr. W. Fuchs, Aachen
Untersuchungen über die Zusammensetzung und Verwendbarkeit von Schwelteerfraktionen
1952, 36 Seiten, DM 10.50

HEFT 7
Prof. Dr. W. Fuchs, Aachen
Untersuchungen über emsländisches Petrolatum
1952, 36 Seiten, 1 Abb., 17 Tabellen, DM 10,50

HEFT 8
M. E. Meffert und H. Stratmann, Essen
Algen-Großkulturen im Sommer 1951
1953, 52 Seiten, 4 Abb., 20 Tabellen, DM 9,75

HEFT 9
Techn.-Wissenschaftl. Büro für die Bastfaserindustrie, Bielefeld
Untersuchungen über die zweckmäßige Wicklungsart von Leinengarnkreuzspulen unter Berücksichtigung der Anwendung hoher Geschwindigkeiten des Garnes
Vorversuche für Zetteln und Schären von Leinengarnen auf Hochleistungsmaschinen
1952, 48 Seiten, 7 Abb., 7 Tabellen, DM 9,25

HEFT 10
Prof. Dr. W. Vogel, Köln
„Das Streifenpaar" als neues System zur mechanischen Vergrößerung kleiner Verschiebungen und seine technischen Anwendungsmöglichkeiten
1953, 20 Seiten, 6 Abb., DM 4,50

HEFT 11
Laboratorium für Werkzeugmaschinen und Betriebslehre, Technische Hochschule Aachen
1. Untersuchungen über Metallbearbeitung im Fräsvorgang mit Hartmetallwerkzeugen und negativem Spanwinkel
2. Weiterentwicklung des Schleifverfahrens für die Herstellung von Präzisionswerkstücken unter Vermeidung hoher Temperaturen
3. Untersuchung von Oberflächenveredlungsverfahren zur Steigerung der Belastbarkeit hochbeanspruchter Bauteile
1953, 80 Seiten, 61 Abb., DM 15,75

HEFT 12
Elektrowärme-Institut, Langenberg (Rhld.)
Induktive Erwärmung mit Netzfrequenz
1952, 22 Seiten 6 Abb., DM 5,20

HEFT 13
Techn.-Wissenschaftl. Büro für die Bastfaserindustrie, Bielefeld
Das Naßspinnen von Bastfasergarnen mit chemischen Zusätzen zum Spinnbad
1953, 52 Seiten, 4 Abb., 19 Tabellen, DM 10,—

HEFT 14
Forschungsstelle für Acetylen, Dortmund
Untersuchungen über Aceton als Lösungsmittel für Acetylen
1952, 64 Seiten, 10 Abb., 26 Tabellen, DM 12,25

HEFT 15
Wäschereiforschung Krefeld
Trocknen von Wäschestoffen
1953, 48 Seiten, 14 Abb., 2 Tabellen, DM 9,—

HEFT 16
Max-Planck-Institut für Kohlenforschung, Mülheim a. d. Ruhr
Arbeiten des MPI für Kohlenforschung
1953, 104 Seiten, 9 Abb., DM 17,80

HEFT 17
Ingenieurbüro Herbert Stein, M.-Gladbach
Untersuchung der Verzugsvorgänge in den Streckwerken verschiedener Spinnereimaschinen. 1. Bericht: Vergleichende Prüfung mit verschiedenen Dickenmeßgeräten
1952, 36 Seiten, 15 Abb., DM 8,—

HEFT 18
Wäschereiforschung Krefeld
Grundlagen zur Erfassung der chemischen Schädigung beim Waschen
1953, 68 Seiten, 15 Abb., 15 Tabellen, DM 12,75

HEFT 19
Techn.-Wissenschaftl. Büro für die Bastfaserindustrie, Bielefeld
Die Auswirkung des Schlichtens von Leinengarnketten auf den Verarbeitungswirkungsgrad, sowie die Festigkeit und Dehnungsverhältnisse der Garne und Gewebe
1953, 48 Seiten, 1 Abb., 9 Tabellen, DM 9,—

HEFT 20
Techn.-Wissenschaftl. Büro für die Bastfaserindustrie, Bielefeld
Trocknung von Leinengarnen I
Vorgang und Einwirkung auf die Garnqualität
1953, 62 Seiten, 18 Abb., 5 Tabellen, DM 12,—

HEFT 21
Techn.-Wissenschaftl. Büro für die Bastfaserindustrie, Bielefeld
Trocknung von Leinengarnen II
Spulenanordnung und Luftführung beim Trocknen von Kreuzspulen
1953, 66 Seiten, 22 Abb., 9 Tabellen, DM 13,—

HEFT 22
Techn.-Wissenschaftl. Büro für die Bastfaserindustrie, Bielefeld
Die Reparaturanfälligkeit von Webstühlen
1953, 28 Seiten, 7 Abb., 5 Tabellen, DM 5,80

HEFT 23
Institut für Starkstromtechnik, Aachen
Rechnerische und experimentelle Untersuchungen zur Kenntnis der Metadyne als Umformer von konstanter Spannung auf konstanten Strom
1953, 52 Seiten, 20 Abb., 4 Tafeln, DM 9,75

HEFT 24
Institut für Starkstromtechnik, Aachen
Vergleich verschiedener Generator-Metadyne-Schaltungen in bezug auf statisches Verhalten
1952, 44 Seiten, 23 Abb., DM 8,50

HEFT 25
Gesellschaft für Kohlentechnik mbH., Dortmund-Eving
Struktur der Steinkohlen und Steinkohlen-Kokse
1953, 58 Seiten, DM 11,—

HEFT 26
Techn.-Wissenschaftl. Büro für die Bastfaserindustrie, Bielefeld
Vergleichende Untersuchungen zweier neuzeitlicher Ungleichmäßigkeitsprüfer für Bänder und Garne hinsichtlich ihrer Eignung für die Bastfaserspinnerei
1953, 64 Seiten, 30 Abb., DM 12,50

HEFT 27
Prof. Dr. E. Schratz, Münster
Untersuchungen zur Rentabilität des Arzneipflanzenanbaues Römische Kamille, Anthemis nobilis L.
1953, 16 Seiten, 1 Tabelle, DM 3,60

HEFT 28
Prof. Dr. E. Schratz, Münster
Calendula officinalis L. Studien zur Ernährung, Blütenfüllung und Rentabilität der Drogengewinnung
1953, 24 Seiten, 2 Abb., 3 Tabellen, DM 5,20

HEFT 29
Techn.-Wissenschaftl. Büro für die Bastfaserindustrie, Bielefeld
Die Ausnützung der Leinengarne in Geweben
1953, 100 Seiten, 14 Abb., 10 Tabellen, DM 17,80

HEFT 30
Gesellschaft für Kohlentechnik mbH., Dortmund-Eving
Kombinierte Entaschung und Verschwelung von Steinkohle; Aufarbeitung von Steinkohlenschlämmen zu verkokbarer oder verschwelbarer Kohle
1953, 56 Seiten, 16 Abb., 10 Tabellen, DM 10,50

HEFT 31
Dipl.-Ing. A. Stormanns, Essen
Messung des Leistungsbedarfs von Doppelsteg-Kettenförderern
1954, 54 Seiten, 18 Abb., 3 Anlagen, DM 11,—

HEFT 32
Techn.-Wissenschaftl. Büro für die Bastfaserindustrie, Bielefeld
Der Einfluß der Natriumchloridbleiche auf Qualität und Verwebbarkeit von Leinengarnen und die Eigenschaften der Leinengewebe unter besonderer Berücksichtigung des Einsatzes von Schützen- und Spulenwechselautomaten in der Leinenweberei
1953, 64 Seiten, 2 Abb., 12 Tabellen, DM 11,50

HEFT 33
Kohlenstoffbiologische Forschungsstation e. V.
Eine Methode zur Bestimmung von Schwefeldioxyd und Schwefelwasserstoff in Rauchgasen und in der Atmosphäre
1953, 32 Seiten, 8 Abb., 3 Tabellen, DM 6.50

HEFT 34
Textilforschungsanstalt Krefeld
Quellungs- und Entquellungsvorgänge bei Faserstoffen
1953, 52 Seiten, 13 Abb., 13 Tabellen, DM 9,80

WESTDEUTSCHER VERLAG · KÖLN UND OPLADEN

HEFT 35
Professor Dr. W. Kast, Krefeld
Feinstrukturuntersuchungen an künstlichen Zellulosefasern verschiedener Herstellungsverfahren.
Teil I: Der Orientierungszustand
1953, 74 Seiten, 30 Abb., 7 Tabellen, DM 13,80

HEFT 36
Forschungsinstitut der feuerfesten Industrie, Bonn
Untersuchungen über die Trocknung von Rohton
Untersuchungen über die chemische Reinigung von Silika- und Schamotte-Rohstoffen mit chlorhaltigen Gasen
1953, 60 Seiten, 5 Abb., 5 Tabellen, DM 11,—

HEFT 37
Forschungsinstitut der feuerfesten Industrie, Bonn
Untersuchungen über den Einfluß der Probenvorbereitung auf die Kaltdruckfestigkeit feuerfester Steine
1953, 40 Seiten, 2 Abb., 5 Tabellen, DM 7,80

HEFT 38
Forschungsstelle für Acetylen, Dortmund
Untersuchungen über die Trocknung von Acetylen zur Herstellung von Dissousgas
1953, 36 Seiten, 11 Abb., 3 Tabellen, DM 6,80

HEFT 39
Forschungsgesellschaft Blechverarbeitung e. V., Düsseldorf
Untersuchungen an prägegemusterten und vorgelochten Blechen
1953, 46 Seiten, 34 Abb., DM 9,50

HEFT 40
Landesgeologe Dr.-Ing. W. Wolff, Amt für Bodenforschung, Krefeld
Untersuchungen über die Anwendbarkeit geophysikalischer Verfahren zur Untersuchung von Spateisengängen im Siegerland
1953, 46 Seiten, 8 Abb., DM 8,80

HEFT 41
Techn.-Wissenschaftl. Büro für die Bastfaserindustrie, Bielefeld
Untersuchungsarbeiten zur Verbesserung des Leinenwebstuhles II
1953, 40 Seiten, 4 Abb., 5 Tabellen, DM 7,80

HEFT 42
Professor Dr. B. Helferich, Bonn
Untersuchungen über Wirkstoffe — Fermente — in der Kartoffel und die Möglichkeit ihrer Verwendung
1953, 58 Seiten, 9 Abb., DM 11,—

HEFT 43
Forschungsgesellschaft Blechverarbeitung e. V., Düsseldorf
Forschungsergebnisse über das Beizen von Blechen
1953, 48 Seiten, 38 Abb., 2 Tabellen, DM 11,30

HEFT 44
Arbeitsgemeinschaft für praktische Dehnungsmessung, Düsseldorf
Eigenschaften und Anwendungen von Dehnungsmeßstreifen
1953, 68 Seiten, 43 Abb., 2 Tabellen, DM 13,70

HEFT 45
Losenhausenwerk Düsseldorfer Maschinenbau AG., Düsseldorf
Untersuchungen von störenden Einflüssen auf die Lastgrenzenanzeige von Dauerschwingprüfmaschinen
1953, 36 Seiten, 11 Abb., 3 Tabellen, DM 7,25

HEFT 46
Prof. Dr. W. Fuchs, Aachen
Untersuchungen über die Aufbereitung von Wasser für die Dampferzeugung in Benson-Kesseln
1953, 58 Seiten, 18 Abb., 9 Tabellen, DM 11,20

HEFT 47
Prof. Dr.-Ing. K. Krekeler, Aachen
Versuche über die Anwendung der induktiven Erwärmung zum Sintern von hochschmelzenden Metallen sowie zur Anlegierung und Vergütung von aufgespritzten Metallschichten mit dem Grundwerkstoff
1954, 66 Seiten, 39 Abb., DM 13,90

HEFT 48
Max-Planck-Institut für Eisenforschung, Düsseldorf
Spektrochemische Analyse der Gefügebestandteile in Stählen nach ihrer Isolierung
1953, 38 Seiten, 8 Abb., 5 Tabellen, DM 7,80

HEFT 49
Max-Planck-Institut für Eisenforschung, Düsseldorf
Untersuchungen über Ablauf der Desoxydation und die Bildung von Einschlüssen in Stählen
1953, 52 Seiten, 19 Abb., 3 Tabellen, DM 12,40

HEFT 50
Max-Planck-Institut für Eisenforschung, Düsseldorf
Flammenspektralanalytische Untersuchung der Ferritzusammensetzung in Stählen
1953, 44 Seiten, 15 Abb., 4 Tabellen, DM 8,60

HEFT 51
Verein zur Förderung von Forschungs- und Entwicklungsarbeiten in der Werkzeugindustrie e. V., Remscheid
Untersuchungen an Kreissägeblättern für Holz, Fehler- und Spannungsprüfverfahren
1953, 50 Seiten, 23 Abb., DM 10,—

HEFT 52
Forschungsstelle für Acetylen, Dortmund
Untersuchungen über den Umsatz bei der explosiblen Zersetzung von Azetylen
a) Zersetzung von gasförmigem Azetylen
b) Zersetzung von an Silikagel adsorbiertem Azetylen
1954, 48 Seiten, 8 Abb., 10 Tabellen, DM 9,25

HEFT 53
Professor Dr.-Ing. H. Opitz, Aachen
Reibwert und Verschleißmessungen an Kunststoffgleitführungen für Werkzeugmaschinen
1954, 38 Seiten, 18 Abb., DM 8,20

HEFT 54
Professor Dr.-Ing. F. A. F. Schmidt, Aachen
Schaffung von Grundlagen für die Erhöhung der spez. Leistung und Herabsetzung des spez. Brennstoffverbrauches bei Ottomotoren mit Teilbericht über Arbeiten an einem neuen Einspritzverfahren
1954, 34 Seiten, 15 Abb., DM 7,40

HEFT 55
Forschungsgesellschaft Blechverarbeitung e. V. Düsseldorf
Chemisches Glänzen von Messing und Neusilber
1954, 50 Seiten, 21 Abb., 1 Tabelle, DM 10,20

HEFT 56
Forschungsgesellschaft Blechverarbeitung e. V., Düsseldorf
Untersuchungen über einige Probleme der Behandlung von Blechoberflächen
1954, 52 Seiten, 42 Abb., DM 11,20

HEFT 57
Prof. Dr.-Ing. F. A. F. Schmidt, Aachen
Untersuchungen zur Erforschung des Einflusses des chemischen Aufbaues des Kraftstoffes auf sein Verhalten im Motor und in Brennkammern von Gasturbinen
1954, 70 Seiten, 32 Abb., DM 14,60

HEFT 58
Gesellschaft für Kohlentechnik mbH., Dortmund
Herstellung und Untersuchung von Steinkohlenschwelteer
1954, 74 Seiten, 9 Abb., 9 Tabellen, DM 13,75

HEFT 59
Forschungsinstitut der Feuerfest-Industrie e. V., Bonn
Ein Schnellanalysenverfahren zur Bestimmung von Aluminiumoxyd, Eisenoxyd und Titanoxyd in feuerfestem Material mittels organischer Farbreagenzien auf photometrischem Wege
Untersuchungen des Alkali-Gehaltes feuerfester Stoffe mit dem Flammenphotometer nach Riehm-Lange
1954, 62 Seiten, 12 Abb., 3 Tabellen, DM 11,60

HEFT 60
Forschungsgesellschaft Blechverarbeitung e. V., Düsseldorf
Untersuchungen über das Spritzlackieren im elektrostatischen Hochspannungsfeld
1954, 82 Seiten, 53 Abb., 7 Tabellen, DM 17,—

HEFT 61
Verein zur Förderung von Forschungs- und Entwicklungsarbeiten in der Werkzeugindustrie e. V., Remscheid
Schwingungs- und Arbeitsverhalten von Kreissägeblättern für Holz
1954, 54 Seiten, 31 Abb., DM 11,40

HEFT 62
Professor Dr. W. Franz, Institut für theoretische Physik der Universität Münster
Berechnung des elektrischen Durchschlags durch feste und flüssige Isolatoren
1954, 36 Seiten, DM 7,—

HEFT 63
Textilforschungsanstalt Krefeld
Neue Methoden zur Untersuchung der Wirkungsweise von Textilhilfsmitteln
Untersuchungen über Schlichtungs- und Entschlichtungsvorgänge
1954, 34 Seiten, 1 Abb., 5 Tabellen, DM 6,80

HEFT 64
Textilforschungsanstalt Krefeld
Die Kettenlängenverteilung von hochpolymeren Faserstoffen
Über die fraktionierte Fällung von Polyamiden
1954, 44 Seiten, 13 Abb., DM 8,60

HEFT 65
Fachverband Schneidwarenindustrie, Solingen
Untersuchungen über das elektrolytische Polieren von Tafelmesserklingen aus rostfreiem Stahl
1954, 90 Seiten, 38 Abb., 9 Tabellen, DM 17,35

HEFT 66
Dr.-Ing. P. Füsgen VDI †, Düsseldorf
Untersuchungen über das Auftreten des Ratterns bei selbsthemmenden Schneckengetrieben und seine Verhütung
1954, 32 Seiten, 5 Abb., DM 6,60

HEFT 67
Heinrich Wösthoff o. H. G., Apparatebau, Bochum
Entwicklung einer chemisch-physikalischen Apparatur zur Bestimmung kleinster Kohlenoxyd-Konzentrationen
1954, 94 Seiten, 48 Abb., 2 Tabellen, DM 18,25

HEFT 68
Kohlenstoffbiologische Forschungsstation e. V., Essen
Algengroßkulturen im Sommer 1952
II. Über die unsterile Großkultur von Scenedesmus obliquus
1954, 62 Seiten, 3 Abb., 29 Tabellen, DM 11,40

HEFT 69
Wäschereiforschung Krefeld
Bestimmung des Faserabbaues bei Leinen unter besonderer Berücksichtigung der Leinengarnbleiche
1954, 48 Seiten, 15 Abb., 3 Tabellen, DM 9,60

HEFT 70
Wäschereiforschung Krefeld
Trocknen von Wäschestoffen
1954, 52 Seiten, 18 Abb., 3 Tabellen, DM 10,—

HEFT 71
Prof. Dr.-Ing. K. Leist, Aachen
Kleingasturbinen, insbesondere zum Fahrzeugantrieb
1954, 114 Seiten, 85 Abb., DM 22,—

HEFT 72
Prof. Dr.-Ing. K. Leist, Aachen
Beitrag zur Untersuchung von stehenden geraden Turbinengittern mit Hilfe von Druckverteilungsmessungen
1954, 152 Seiten, 111 Abb., DM 36,20

HEFT 73
Prof. Dr.-Ing. K. Leist, Aachen
Spannungsoptische Untersuchungen von Turbinenschaufelfüßen
1954, 66 Seiten, 46 Abb., 2 Tabellen, DM 14,60

HEFT 74
Max-Planck-Institut für Eisenforschung, Düsseldorf
Versuche zur Klärung des Umwandlungsverhaltens eines sonderkarbidbildenden Chromstahls
1954, 58 Seiten, 10 Abb., DM 14,—

HEFT 75
Max-Planck-Institut für Eisenforschung, Düsseldorf
Zeit-Temperatur-Umwandlungs-Schaubilder als Grundlage der Wärmebehandlung der Stähle
1954, 44 Seiten, 13 Abb., DM 8,70

HEFT 76
Max-Planck-Institut für Arbeitsphysiologie, Dortmund
Arbeitstechnische und arbeitsphysiologische Rationalisierung von Mauersteinen
1954, 52 Seiten, 12 Abb., 3 Tabellen, DM 10,20

HEFT 77
Meteor Apparatebau Paul Schmeck GmbH., Siegen
Entwicklung von Leuchtstoffröhren hoher Leistung
1954, 46 Seiten, 12 Abb., 2 Tabellen, DM 9,15

HEFT 78
Forschungsstelle für Acetylen, Dortmund
Über die Zustandsgleichung des gasförmigen Acetylens und das Gleichgewicht Acetylen — Aceton
1954, 42 Seiten, 3 Abb., 8 Tabellen, DM 8,—

HEFT 79
Techn.-Wissenschaftl. Büro für die Bastfaserindustrie, Bielefeld
Trocknung von Leinengarnen III
Spinnspulen- und Spinnkopstrocknung
Vorgang und Einwirkung auf die Garnqualität
1954, 74 Seiten, 18 Abb., 10 Tabellen, DM 14,—

WESTDEUTSCHER VERLAG · KÖLN UND OPLADEN

HEFT 80
Techn.-Wissenschaftl. Büro für die Bastfaserindustrie, Bielefeld
Die Verarbeitung von Leinengarn auf Webstühlen mit und ohne Oberbau
1954, 30 Seiten, 2 Abb., 2 Tabellen, DM 6,—

HEFT 81
Prüf- und Forschungsinstitut für Ziegeleierzeugnisse, Essen-Kray
Die Einführung des großformatigen Einheits-Gitterziegels im Lande Nordrhein-Westfalen
1954, 54 Seiten, 2 Abb., 2 Tabellen, DM 10,—

HEFT 82
Vereinigte Aluminium-Werke AG., Bonn
Forschungsarbeiten auf dem Gebiet der Veredelung von Aluminium-Oberflächen
1954, 46 Seiten, 34 Abb., DM 9,60

HEFT 83
Prof. Dr. S. Strugger, Münster
Über die Struktur der Proplastiden
1954, 30 Seiten, 15 Abb., DM 8,40

HEFT 84
Dr. H. Baron, Düsseldorf
Über Standardisierung von Wundtextilien
1954, 32 Seiten, DM 6,40

HEFT 85
Textilforschungsanstalt Krefeld
Physikalische Untersuchungen an Fasern, Fäden, Garnen und Geweben:
Untersuchungen am Knickscheuergerät nach Weltzien
1954, 40 Seiten, 11 Abb., 8 Tabellen, DM 10,—

HEFT 86
Prof. Dr.-Ing. H. Opitz, Aachen
Untersuchungen über das Fräsen von Baustahl sowie über den Einfluß des Gefüges auf die Zerspanbarkeit
1954, 108 Seiten, 73 Abb., 7 Tabellen, DM 22,—

HEFT 87
Gemeinschaftsausschuß Verzinken, Düsseldorf
Untersuchungen über Güte von Verzinkungen
1954, 68 Seiten, 56 Abb., 3 Tabellen, DM 15,30

HEFT 88
Gesellschaft für Kohlentechnik mbH., Dortmund-Eving
Oxydation von Steinkohle mit Salpetersäure
1954, 62 Seiten, 2 Abb., 1 Tabelle, DM 11,50

HEFT 89
Verein Deutscher Ingenieure, Gleitlagerforschung, Düsseldorf
und Prof. Dr.-Ing. G. Vogelpohl, Göttingen
Versuche mit Preßstoff-Lagern für Walzwerke
1954, 70 Seiten, 34 Abb., DM 14,10

HEFT 90
Forschungs-Institut der Feuerfest-Industrie, Bonn
Das Verhalten von Silikasteinen im Siemens-Martin-Ofengewölbe
1954, 62 Seiten, 15 Abb., 11 Tabellen, DM 11,90

HEFT 91
Forschungs-Institut der Feuerfest-Industrie, Bonn
Untersuchungen des Zusammenhangs zwischen Leistung und Kohlenverbrauch in Kammeröfen zum Brennen von feuerfesten Materialien
1954, 42 Seiten, 6 Abb., DM 8,30

HEFT 92
Techn.-Wissenschaftl. Büro für die Bastfaserindustrie, Bielefeld
und Laboratorium für textile Meßtechnik, M.-Gladbach
Messungen von Vorgängen am Webstuhl
1954, 76 Seiten, 45 Abb., DM 15,50

HEFT 93
Prof. Dr. W. Kast, Krefeld
Spinnversuche zur Strukturerfassung künstlicher Zellulosefasern
1954, 82 Seiten, 39 Abb., 6 Tabellen, DM 16,—

HEFT 94
Prof. Dr. G. Winter, Bonn
Die Heilpflanzen des MATTHIOLUS (1611) gegen Infektionen der Harnwege und Verunreinigung der Wunden bzw. zur Förderung der Wundheilung im Lichte der Antibiotikaforschung
1954, 58 Seiten, 1 Abb., 2 Tabellen, DM 11,50

HEFT 95
Prof. Dr. G. Winter, Bonn
Untersuchungen über die flüchtigen Antibiotika aus der Kapuziner- (Tropaeolum maius) und Gartenkresse (Lepidium sativum) und ihr Verhalten im menschlichen Körper bei Aufnahme von Kapuziner- bzw. Gartenkressensalat per os
1955, 74 Seiten, 9 Abb., 25 Tabellen, DM 14,—

HEFT 96
Dr.-Ing. P. Koch, Dortmund
Austritt von Exoelektronen aus Metalloberflächen unter Berücksichtigung der Verwendung des Effektes für die Materialprüfung
1954, 34 Seiten, 13 Abb., DM 7,—

HEFT 97
Ing. H. Stein, Laboratorium für textile Meßtechnik, M.-Gladbach
Untersuchung der Verzugsvorgänge an den Streckwerken verschiedener Spinnereimaschinen
2. Bericht: Ermittlung der Haft-Gleiteigenschaften von Faserbändern und Vorgarnen
1955, 98 Seiten, 54 Abb., DM 21,—

HEFT 98
Fachverband Gesenkschmieden, Hagen
Die Arbeitsgenauigkeit beim Gesenkschmieden unter Hämmern
1955, 132 Seiten, 55 Abb., 9 Tabellen, DM 24,75

HEFT 99
Prof. Dr.-Ing. G. Garbotz, Aachen
Der Kraft- und Arbeitsaufwand sowie die Leistungen beim Biegen von Bewehrungsstählen in Abhängigkeit von den Abmessungen, den Formen und der Güte der Stähle (Ermittlung von Leistungsrichtlinien)
1955, 136 Seiten, 53 Abb., 3 Anlagen, 18 Tabellen, DM 30,—

HEFT 100
Prof. Dr.-Ing. H. Opitz, Aachen
Untersuchungen von elektrischen Antrieben, Steuerungen und Regelungen an Werkzeugmaschinen
1955, 166 Seiten, 71 Abb., 3 Tabellen, DM 31,30

HEFT 101
Prof. Dr.-Ing. H. Opitz, Aachen
Wirtschaftlichkeitsbetrachtungen beim Außenrundschleifen
1955, 100 Seiten, 56 Abb., 3 Tabellen, DM 19,30

HEFT 102
Dr. P. Hölemann, Ing. R. Hasselmann und Ing. G. Dix, Dortmund
Untersuchungen über die thermische Zündung von explosiblen Acetylenzersetzungen in Kapillaren
1954, 44 Seiten, 5 Abb., 4 Tabellen, DM 8,60

HEFT 103
Prof. Dr. W. Weizel, Bonn
Durchführung von experimentellen Untersuchungen über den zeitlichen Ablauf von Funken in komprimierten Edelgasen sowie zu deren mathematischen Berechnung
1955, 46 Seiten, 12 Abb., DM 9,10

HEFT 104
Prof. Dr. W. Weizel, Bonn
Über den Einfluß der Elektroden auf die Eigenschaften von Cadmium-Sulfid-Widerstands-Photozellen
1955, 48 Seiten, 12 Abb., DM 9,45

HEFT 105
Dr.-Ing. R. Meldau, Harsewinkel/Westf.
Auswertung von Gekörn — Analysen des Musterstaubes „Flugasche Fortuna I"
1955, 42 Seiten, 14 Abb., DM 8,50

HEFT 106
ORR. Dr.-Ing. W. Küch, Dortmund
Untersuchungen über die Einwirkung von feuchtigkeitsgesättigter Luft auf die Festigkeit von Leimverbindungen
1954, 60 Seiten, 10 Abb., 6 Tabellen, DM 11,40

HEFT 107
Prof. Dr. H. Lange und Dipl.-Phys. P. St. Pütter, Köln
Über die Konstruktion von Laboratoriumsmagneten
1955, 66 Seiten, 19 Abb., 1 Tabelle, DM 12,30

HEFT 108
Prof. Dr. W. Fuchs, Aachen
Untersuchungen über neue Beizmethoden und Beizabwässer
I. Die Entzunderung von Drähten mit Natriumhydrid
II. Aufbereitung von Beizabwässern
1955, 82 Seiten, 15 Abb., 14 Tabellen, 1 Falttafel, DM 15,25

HEFT 109
Dr. P. Hölemann und Ing. R. Hasselmann, Dortmund
Untersuchungen über die Löslichkeit von Azetylen in verschiedenen organischen Lösungsmitteln
1954, 42 Seiten, 10 Abb., 8 Tabellen, DM 8,30

HEFT 110
Dr. P. Hölemann und Ing. R. Hasselmann, Dortmund
Untersuchungen über den Druckverlauf bei der explosiblen Zersetzung von gasförmigem Azetylen
1955, 54 Seiten, 10 Abb., 5 Tabellen, DM 11,—

HEFT 111
Fachverband Steinzeugindustrie, Köln
Die Entwicklung eines Gerätes zur Beschickung seitlicher Feuer von Steinzeug-Einzelkammeröfen mit festen Brennstoffen
1955, 46 Seiten, 16 Abb., DM 9,40

HEFT 112
Prof. Dr.-Ing. H. Opitz, Aachen
Verschleißmessungen beim Drehen mit aktivierten Hartmetallwerkzeugen
1954, 44 Seiten, 17 Abb., 6 Tabellen, DM 8,80

HEFT 113
Prof. Dr. O. Graf, Dortmund
Erforschung der geistigen Ermüdung und nervösen Belastung: Studien über die vegetative 24-Stunden-Rhythmik in Ruhe und unter Belastung
1955, 40 Seiten, 12 Abb., DM 8,20

HEFT 114
Prof. Dr. O. Graf, Dortmund
Studien über Fließarbeitsprobleme an einer praxisnahen Experimentieranlage
1954, 34 Seiten, 6 Abb., DM 7,—

HEFT 115
Prof. Dr. O. Graf, Dortmund
Studium über Arbeitspausen in Betrieben bei freier und zeitgebundener Arbeit (Fließarbeit) und ihre Auswirkung auf die Leistungsfähigkeit
1955, 50 Seiten, 13 Abb., 2 Tabellen, DM 9,80

HEFT 116
Prof. Dr.-Ing. E. Siebel und Dr.-Ing. H. Weiss, Stuttgart
Untersuchungen an einigen Problemen des Tiefziehens — I. Teil
1955, 74 Seiten, 50 Abb., 5 Tabellen, DM 14,50

HEFT 117
Dr.-Ing. H. Beißwänger, Stuttgart, und Dr.-Ing. S. Schwandt, Trier
Untersuchungen an einigen Problemen des Tiefziehens — II. Teil
1955, 92 Seiten, 34 Abb., 8 Tabellen, DM 17,70

HEFT 118
Prof. Dr. E. A. Müller und Dr. H. G. Wenzel, Dortmund
Neuartige Klima-Anlage zur Erzeugung ungleicher Luft- und Strahlungstemperaturen in einem Versuchsraum
1955, 68 Seiten, 10 z. T. mehrfarb. Abb., DM 14,—

HEFT 119
Dr.-Ing. O. Viertel, Krefeld
Wäscherei- und energietechnische Untersuchung einer Gemeinschafts-Waschanlage
1955, 50 Seiten, 18 Abb., DM 10,20

HEFT 120
Dipl.-Ing. A. Weisbecker, Lüdenscheid
Über Anfressung an Reinstaluminium-Schweißnähten bei der elektrolytischen Oxydation
Gebr. Hörstermann GmbH., Velbert
Entwicklung und Erprobung eines neuartigen Gummibandförderers
1955, 46 Seiten, 18 Abb., DM 9,70

HEFT 121
Dr. H. Krebs, Bonn
I. Die Struktur und die Eigenschaften der Halbmetalle
II. Die Bestimmung der Atomverteilung in amorphen Substanzen
III. Die chemische Bindung in anorganischen Festkörpern und das Entstehen metallischer Eigenschaften
1955, 124 Seiten, 36 Abb., 13 Tabellen, DM 22,90

HEFT 122
Prof. Dr. W. Fuchs, Aachen
Untersuchungen zur Verbesserung der Wasseraufbereitung und Wasseranalyse:
Über die Schnellbewertung von Ionenaustauscher
1955, 62 Seiten, 32 Abb., DM 12,30

HEFT 123
Dipl.-Ing. J. Emondts, Aachen
Über Bodenverformungen bei stark gestörtem und mächtigem, wasserführendem Deckgebirge im Aachener Steinkohlengebiet
1955, 196 Seiten, 37 Abb., 10 Tabellen, DM 28,80

HEFT 124
Prof. Dr. R. Seyffert, Köln
Wege und Kosten der Distribution der Hausratwaren im Lande Nordrhein-Westfalen
1955, 74 Seiten, 25 Tabellen, DM 9,—

WESTDEUTSCHER VERLAG · KÖLN UND OPLADEN

HEFT 125
Prof. Dr. E. Kappler, Münster
Eine neue Methode zur Bestimmung von Kondensations-Koeffizienten von Wasser
1955, 46 Seiten, 11 Abb., 1 Tabelle, DM 9,10

HEFT 126
Prof. Dr.-Ing. J. Mathieu, Aachen
Arbeitszeitvergleich
Grundlagen, Methodik und praktische Durchführung
1955, 70 Seiten, DM 13,—

HEFT 127
Güteschutz Betonstein e. V., Arbeitskreis Nordrhein-Westfalen, Dortmund
Die Betonwaren-Gütesicherung im Lande Nordrhein-Westfalen
1955, 58 Seiten, 15 Abb., 3 Tabellen, DM 11,50

HEFT 128
Prof. Dr. O. Schmitz-DuMont, Bonn
Untersuchungen über Reaktionen in flüssigem Ammoniak
1955, 96 Seiten, 11 Abb., 6 Tabellen, DM 17,75

HEFT 129
Prof. Dr.-Ing. J. Mathieu und Dr. C. A. Roos, Aachen
Die Anlernung von Industriearbeitern
I. Ergebnisse einer grundsätzlichen Untersuchung der gegenwärtigen Industriearbeiter-Kurzanlernung
1955, 106 Seiten, DM 19,70

HEFT 130
Prof. Dr.-Ing. J. Mathieu und Dr. C. A. Roos, Aachen
Die Anlernung von Industriearbeitern
II. Beiträge zur Methodenfrage der Kurzanlernung
1955, 108 Seiten, DM 19,90

HEFT 131
Dr. W. Hoerburger, Köln
Versuche zur Biosynthese von Eiweiß aus Kohlenwasserstoff
1955, 34 Seiten, 2 Abb., DM 6,90

HEFT 132
Prof. Dr. W. Seith, Münster
Über Diffusionserscheinungen in festen Metallen
1955, 42 Seiten, 19 Abb., 4 Tabellen, DM 9,10

HEFT 133
Prof. Dr. E. Jenckel, Aachen
Über einen für Schwermetalle selektiven Ionenaustauscher
1955, 48 Seiten, 8 Abb., 13 Tabellen, DM 9,50

HEFT 134
Prof. Dr.-Ing. H. Winterhager, Aachen
Über die elektrochemischen Grundlagen der Schmelzfluß-Elektrolyse von Bleisulfid in geschmolzenen Mischungen mit Bleichlorid
1955, 54 Seiten, 20 Abb., 5 Tabellen, DM 11,80

HEFT 135
Prof. Dr.-Ing. K. Krekeler und Dr.-Ing. H. Peukert, Aachen
Die Änderung der mechanischen Eigenschaften thermoplastischer Kunststoffe durch Warmrecken
1955, 54 Seiten, 27 Abb., DM 11,10

HEFT 136
Dipl.-Phys. P. Pilz, Remscheid
Über spezielle Probleme der Zerkleinerungstechnik von Weichstoffen
1955, 58 Seiten, 19 Abb., 2 Tabellen, DM 11,50

HEFT 137
Prof. Dr. W. Baumeister, Münster
Beiträge zur Mineralstoffernährung der Pflanzen
1955, 64 Seiten, 6 Tabellen, DM 11,80

HEFT 138
Dr. P. Hölemann und Ing. R. Hasselmann, Dortmund
Untersuchungen über die Zersetzungswärme von gasförmigem und in Azeton gelöstem Azetylen
1955, 54 Seiten, 8 Abb., 7 Tabellen, DM 10,40

HEFT 139
Prof. Dr. W. Fuchs, Aachen
Studien über die thermische Zersetzung der Kohle und die Kohlendestillatprodukte
1955, 64 Seiten, 20 Abb., 22 Tabellen, DM 11,80

HEFT 140
Dr.-Ing. G. Hausberg, Essen
Modellversuche an Zyklonen
1955, 78 Seiten, 24 Abb., DM 15,70

HEFT 141
Dr. J. van Calker und Dr. R. Wienecke, Münster
Untersuchungen über den Einfluß dritter Analysenpartner auf die spektrochemische Analyse
1955, 42 Seiten, 15 Abb., DM 9,10

HEFT 142
Dipl.-Ing. G. M. F. Wiebel, Hannover, A. Konermann und A. Ottenheym, Sennelager
Entwicklung eines Kalksandleichtsteines
1955, 38 Seiten, 4 Abb., DM 8,—

HEFT 143
Prof. Dr. F. Wever, Dr. A. Rose und Dipl.-Ing. W. Straßburg, Düsseldorf
Härtbarkeit und Umwandlungsverhalten der Stähle
1955, 50 Seiten, 12 Abb., 3 Tabellen, DM 10,70

HEFT 144
Prof. Dr. H. Wurmbach, Bonn
Steuerung von Wachstum und Formbildung
1955, 48 Seiten, 19 Abb., DM 10,30

HEFT 145
Dr. G. Hennemann, Werdohl (Westf.)
Beitrag zur Interpretation der modernen Atomphysik
1955, 34 Seiten, DM 10,—

HEFT 146
Dr.-Ing. F. Gruß, Düsseldorf
Sterilisation mit Heißluft
1955, 34 Seiten, 10 Abb., DM 7,70

HEFT 147
Dr.-Ing. W. Rudisch, Unna
Untersuchung einer drehelastischen Elektromagnet-Synchronkupplung
1955, 82 Seiten, 65 Abb., DM 17,70

HEFT 148
Prof. Dr. H. Bittel u. Dipl.-Phys. L. Storm, Münster
Untersuchungen über Widerstandsrauschen
1955, 40 Seiten, 5 Abb., DM 8,40

HEFT 149
Dipl.-Ing. K. Konopicky und Dipl.-Chem. P. Kampa, Bonn
I. Beitrag zur flammenphotometrischen Bestimmung des Calciums.
Dr.-Ing. K. Konopicky, Bonn
II. Die Wanderung von Schlackenbestandteilen in feuerfesten Baustoffen
1955, 54 Seiten, 10 Abb., 5 Tabellen, DM 11,—

HEFT 150
Prof. Dr.-Ing. O. Kienzle und Dipl.-Ing. W. Timmerbeil, Hannover
Das Durchziehen enger Kragen an ebenen Fein- und Mittelblechen
1955, 52 Seiten, 20 Abb., 8 Tabellen, DM 11,30

HEFT 151
Dipl.-Ing. P. Karabasch, Aachen
Feststellung des optimalen Gasgehaltes von Bronzen zur Erzielung druckdichter Gußstücke
1956, 64 Seiten, 31 Abb., 5 Tabellen, DM 13,90

HEFT 152
Dipl.-Ing. G. Müller, Köln
Ermittlung der Laufeigenschaften (Vergießbarkeit) von Bronze und Rotguß mittels der Schneider-Gießspirale
1955, 60 Seiten, 33 Abb., DM 13,30

HEFT 153
Prof. Dr. F. Wever, Dr.-Ing. W. A. Fischer und Dipl.-Ing. J. Engelbrecht, Düsseldorf
I. Die Reduktion sauerstoffhaltiger Eisenschmelzen im Hochvakuum mit Wasserstoff und Kohlenstoff
II. Einfluß geringer Sauerstoffgehalte auf das Gefüge und Alterungsverhalten von Reineisen
1955, 54 Seiten, 15 Abb., 2 Tabellen, DM 12,40

HEFT 154
Prof. Dr.-Ing. P. Bardenheuer und Dr.-Ing. W. A. Fischer, Düsseldorf
Die Verschlackung von Titan aus Stahlschmelzen im sauren und basischen Hochfrequenzofen unter verschiedenen Schlacken
1955, 36 Seiten, 10 Abb., 1 Tabelle, DM 7,95

HEFT 155
Dipl.-Phys. K. H. Schirmer, München
Die auf Grau abgestimmte Farbwiedergabe im Dreifarbenbuchdruck
1955, 46 Seiten, 17 Abb., 2 Farbtafeln, DM 10,—

HEFT 156
Prof. Dr.-Ing. B. von Borries und Mitarbeiter, Düsseldorf
Die Entwicklung regelbarer permanentmagnetischer Elektronenlinsen hoher Brechkraft und eines mit ihnen ausgerüsteten Elektronenmikroskopes neuer Bauart
1956, 102 Seiten, 52 Abb., DM 22,55

HEFT 157
Dr. W. Jawtusch, Dr. G. Schuster und Prof. Dr.-Ing. R. Jaeckel, Bonn
Untersuchungen über die Stoßvorgänge zwischen neutralen Atomen und Molekülen
1955, 48 Seiten, 15 Abb., 3 Tabellen, DM 10,50

HEFT 158
Dipl.-Ing. W. Rosenkranz, Meinerzhagen
Ein Beitrag zum Problem der Spannungskorrosion bei Preßprofilen und Preßteilen aus Aluminium-Legierungen
1956, 112 Seiten, 61 Abb., 5 Tabellen, DM 27,40

HEFT 159
Dr.-Ing. O. Viertel und O. Oldenroth, Krefeld
Das Bleichen von Weißwäsche mit Wasserstoffsuperoxyd bzw. Natriumhypochlorit beim maschinellen Waschen
1955, 54 Seiten, 23 Abb., 2 Tabellen, DM 11,45

HEFT 160
Prof. Dr. W. Klemm, Münster
Über neue Sauerstoff- und Fluor-haltige Komplexe
1955, 50 Seiten, 13 Abb., 7 Tabellen, DM 10,80

HEFT 161
Prof. Dr. W. Weltzien und Dr. G. Hauschild, Krefeld
Über Silikone und ihre Anwendung in der Textilveredlung
1955, 162 Seiten, 22 Abb., 10 Tabellen, DM 27,—

HEFT 162
Prof. Dr. F. Wever, Prof. Dr. A. Kochendörfer und Dr.-Ing. Chr. Rohrbach, Düsseldorf
Kennzeichnung der Sprödbruchneigung von Stählen durch Messung der Fließspannung, Reißspannung und Brucheinschnürung an dreiachsig beanspruchten Proben
1955, 58 Seiten, 26 Abb., DM 13,—

HEFT 163
Dipl.-Ing. W. Rohs und Text.-Ing. H. Griese, Bielefeld
Untersuchungsarbeiten zur Verbesserung des Leinenwebstuhls III
1955, 80 Seiten, 15 Abb., 18 Tabellen, DM 15,80

HEFT 164
Dr.-Ing. H. Schmachtenberg, Köln
Neuartige Prüfeinrichtungen für Kraftfahrzeuge
1955, 44 Seiten, 23 Abb., DM 9,60

HEFT 165
Dr.-Ing. W. Wilhelm, Aachen
Instationäre Gasströmung im Auspuffsystem eines Zweitaktmotors
1955, 62 Seiten, 31 Abb., 8 Tabellen, DM 13,60

HEFT 166
Prof. Dr. M. v. Stackelberg, Dr. H. Heindze, Dr. H. Hübschke und Dr. K. H. Frangen, Bonn
Kolloidchemische Untersuchungen
1955, 106 Seiten, 8 Abb., 13 Tabellen, DM 21,25

HEFT 167
Prof. Dr.-Ing. F. Schuster, Essen
I. Über die Heißkarburierung von Brenngasen mit Ölen und Teeren
II. Die Strahlungsvorgänge in brennstoffbeheizten Öfen bei verschiedenen Verbrennungsatmosphären
1955, 38 Seiten, 8 Abb., DM 8,30

HEFT 168
Prof. Dr.-Ing. F. Schuster, Essen
I. Luftvorwärmung an Gasfeuerungen
II. Heizwerthöhe von Brenngasen und Wirkungsgrad sowie Gasverbrauch bei der Gasverwendung
III. Sauerstoffangereicherte Luft und feuerungstechnische Kenngrößen von Brenngasen
1955, 60 Seiten, 18 Abb., DM 12,50

HEFT 169
Forschungsinstitut für Pigmente und Lacke, Stuttgart
Arbeiten über die Bestimmung des Gebrauchswertes von Lackfilmen durch physikalische Prüfungen
1955, 70 Seiten, 23 Abb., 4 Tabellen, DM 15,—

HEFT 170
Prof. Dr. F. Wever, Dr. A. Rose und Dipl.-Ing. L. Rademacher, Düsseldorf
Anwendung der Umwandlungsschaubilder auf Fragen der Werkstoffauswahl beim Schweißen und Flammhärten
1955, 64 Seiten, 25 Abb., DM 13,70

HEFT 171
Wäschereiforschung Krefeld
Untersuchung der Wäscheentwässerung mit Hilfe von Zentrifugen und Pressen
1955, 42 Seiten, 16 Abb., 4 Tabellen, DM 9,70

HEFT 172
Dipl.-Ing. W. Rohs, Dr.-Ing. G. Satlow und Text.-Ing. G. Heller, Bielefeld
Trocknung von Hanfgarnen. Kreuzspultrocknung
1955, 60 Seiten, 7 Abb., 4 Tabellen, DM 10,30

HEFT 173
Prof. Dr. R. Hosemann und Dipl.-Phys. G. Schoknecht, Berlin, vorgelegt von Prof. Dr. W. Kast, Krefeld
Lichtoptische Herstellung und Diskussion der Faltungsquadrate parakristalliner Gitter
1956, 108 Seiten, 63 Abb., 6 Tabellen, DM 24,70

HEFT 174
Prof. Dr. W. von Fragstein, Dr. J. Meingast und H. Hoch, Köln
Herstellung von Solen einheitlicher Teilchengröße und Ermittlung ihrer optischen Eigenschaften
1955, 78 Seiten, 80 Abb., 4 Tabellen, DM 18,25

HEFT 175
Dr.-Ing. H. Zeller, Aachen
Beitrag zur eindimensionalen stationären und nichtstationären Gasströmung mit Reibung und Wärmeleitung insbesondere in Rohren mit unstetigen Querschnittsänderungen
1956, 138 Seiten, 56 Abb., DM 29,30

HEFT 176
Dipl.-Ing. H. Schöberl, Duisburg
Über die Methoden zur Ermittlung der Verbrennungstemperatur von Brennstoffen und ein Vorschlag zu ihrer Verbesserung
1955, 30 Seiten, 3 Abb., DM 6,50

HEFT 177
Dipl.-Ing. H. Stüdemann, Solingen, und Dr.-Ing. W. Müchler, Essen
Entwicklung eines Verfahrens zur zahlenmäßigen Bestimmung der Schneideigenschaften von Messerklingen
1956, 104 Seiten, 68 Abb., 4 Tabellen, DM 22,20

HEFT 178
Prof. Dr. M. von Stackelberg u. Dr. W. Hans, Bonn
Untersuchungen zur Ausarbeitung und Verbesserung von polarographischen Analysenmethoden
1955, 46 Seiten, 14 Abb., DM 10,50

HEFT 179
Dipl.-Ing. H. F. Reineke, Bochum
Entwicklungsarbeiten auf dem Gebiete der Meß- und Regeltechnik
1955, 46 Seiten, 10 Abb., DM 10,—

HEFT 180
Dr.-Ing. W. Piepenburg, Dipl.-Ing. B. Bühling und Bauing. J. Behnke, Köln
Putzarbeiten im Hochbau und Versuche mit aktiviertem Mörtel und mechanischem Mörtelauftrag
1955, 116 Seiten, 31 Abb., 68 Tabellen, DM 23,—

HEFT 181
Prof. Dr. W. Franz, Münster
Theorie der elektrischen Leitvorgänge in Halbleitern und isolierenden Festkörpern bei hohen elektrischen Feldern
1955, 28 Seiten, 2 Abb., 1 Tabelle, DM 6,20

HEFT 182
Dr.-Ing. P. Schenk u. Dr. K. Osterloh, Düsseldorf
Katalytisch-thermische Spaltung von gasförmigen und flüssigen Kohlenwasserstoffen zur Spitzengaserzeugung
1955, 50 Seiten, 11 Abb., 11 Tabellen, DM 10,90

HEFT 183
Dr. W. Bornheim, Köln
Entwicklungsarbeiten an Flaschen- und Ampullen-Behandlungsmaschinen für die pharmazeutische Industrie
1956, 48 Seiten, 24 Abb., DM 11,70

HEFT 184
Dr.-Ing. E. Printz, Kettwig
Vollhydraulische Parallel-Kupplung für Ackerschlepper
1955, 32 Seiten, 4 Abb., DM 7,80

HEFT 185
Dipl.-Ing. W. Rohs und Text.-Ing. G. Heller, Bielefeld
Studien an einem neuzeitlichen Kreuzspultrockner für Bastfasergarne mit Wiederbefeuchtungszone
1955, 52 Seiten, 9 Abb., 3 Tabellen, DM 10,70

HEFT 186
Dr. E. Wedekind, Krefeld
Untersuchungen zur Arbeitsbestgestaltung bei der Fertigstellung von Oberhemden in gewerblichen Wäschereien
1955, 124 Seiten, 28 Abb., 6 Tabellen, 2 Faltttaf., DM 12,—

HEFT 187
Dipl.-Ing. F. Göttgens, Essen
Über die Eigenarten der Bimetall-, Thermo- und Flammenionisationssicherungsmethode in ihrer Anwendung auf Zündsicherungen
1955, 40 Seiten, 6 Abb., 4 Tabellen, DM 8,40

HEFT 188
W. Kinnebrock, Langenberg (Rhld.)
Der Einfluß des Austausches gleicher Gaskochbrenner bzw. Gaskochbrennerteile auf den Wirkungsgrad und insbesondere auf den CO-Gehalt der Verbrennungsgase
1955, 42 Seiten, 7 Tabellen, DM 8,70

HEFT 189
Fa. E. Leybold's Nachfolger, Köln
I. Ausgewählte Kapitel aus der Vakuumtechnik
II. Zum Verlust anorganisch-nichtflüchtiger Substanzen während der Gefriertrocknung
1955, 52 Seiten, 16 Abb., 3 Tabellen, DM 11,20

HEFT 190
Prof. Dr. A. Neuhaus, Prof. Dr. O. Schmitz-DuMont und Dipl.-Chem. H. Reckhard, Bonn
Zur Kenntnis der Alkalititanate
1955, 60 Seiten, 13 Abb., 1 Tabelle, DM 12,20

HEFT 191
Dr. H. Söhngen, Darmstadt
Schwingungsverhalten eines Schaufelkranzes im Vakuum
1955, 36 Seiten, 7 Abb., DM 7,80

HEFT 192
Dipl.-Phys. E. M. Schneider, München
Kohlebogenlampen für Aufnahme und Kopie
1955, 48 Seiten, 21 Abb., 3 Tabellen, DM 10,60

HEFT 193
Prof. Dr. O. Schmitz-DuMont, Bonn
Untersuchungen über neue Pigmentfarbstoffe
1956, 50 Seiten, 16 Abb., 8 Tabellen, DM 11,20

HEFT 194
Dr. K. Hecht, Köln
Entwicklung neuartiger physikalischer Unterrichtsgeräte
1955, 42 Seiten, 16 Abb., DM 9,90

HEFT 195
Dr.-Ing. E. Rößger, Köln
Gedanken über einen neuen deutschen Luftverkehr
1955, 342 Seiten, 29 Abb., 122 Tabellen, DM 50,—

HEFT 196
Dipl.-Ing. W. Rohs, und Text.-Ing. H. Griese, Bielefeld
Auswirkungen von Garnfehlern bei der Verarbeitung von Leinengarnen
1955, 36 Seiten, 3 Abb., 6 Tabellen, DM 7,80

HEFT 197
Dr. E. Wedekind, Krefeld
Untersuchungen zur Bestimmung der optimalen Arbeitsplatzgröße bei Mehrstuhlarbeit in der Weberei
1955, 92 Seiten, 34 Abb., 2 Tabellen, DM 18,50

HEFT 198
Prof. Dr. J. Weissinger, Karlsruhe
Zur Aerodynamik des Ringflügels. Die Druckverteilung dünner, fast drehsymmetrischer Flügel in Unterschallströmung
1955, 42 Seiten, 5 Abb., DM 9,—

HEFT 199
Textilforschungsanstalt Krefeld
Die Messung von Gewebetemperaturen mittels Temperaturstrahlung
1955, 50 Seiten, 12 Abb., DM 10,90

HEFT 200
R. Seipenbusch, Langenberg (Rhld.)
Spitzengas durch Zusatz von Flüssiggas-Wassergas- und Flüssiggas-Generatorgas-Gemischen zu Stadtgas
1955, 48 Seiten, 21 Tabellen, DM 10,35

HEFT 201
Dr.-Ing. E. W. Pleines, Frankfurt/Main
Die Sicherheit im Luftverkehr
1956, 194 Seiten, 39 Abb., 19 Tabellen, DM 39,45

HEFT 202
Dipl.-Ing. D. Fiecke, Stuttgart/Zuffenhausen
Die Bestimmung der Flugzeugpolaren für Entwurfszwecke. I. Teil: Unterlagen
in Vorbereitung

HEFT 203
Dr. G. Wandel, Bonn
Uferbewachung und Lebendverbauung an den Nordwestdeutschen Kanälen und ihren Zuflüssen sowie an der Ruhr
in Vorbereitung

HEFT 204
Dipl.-Ing. B. Naendorf, Langenberg (Rhld.)
Bestimmung der Brenneigenschaften und des Brennverhaltens verschiedener Gasarten und Einfluß verschiedener Düsengestaltung
1955, 32 Seiten, DM 7,10

HEFT 205
Dr. C. Schaarwächter, Düsseldorf
Über plastische Kupfer-Eisen-Phosphor-Legierungen
1956, 36 Seiten, 10 Abb., 10 Tabellen, DM 8,30

HEFT 206
Dr. P. Hölemann, Ing. R. Hasselmann und Ing. G. Dix, Dortmund
Untersuchungen über die Vorgänge bei der Zersetzung von in Azeton gelöstem Azetylen
1956, 74 Seiten, 7 Abb., 7 Tabellen, DM 15,55

HEFT 207
Prof. Dr.-Ing. H. Opitz, Dipl.-Ing. K. H. Fröhlich und Dipl.-Ing. H. Siebel, Aachen
Richtwerte für das Fräsen von unlegierten und legierten Baustählen mit Hartmetall. I. Teil
in Vorbereitung

HEFT 208
Prof. Dr.-Ing. H. Müller, Essen
Untersuchung von Elektrowärmegeräten für Laienbedienung hinsichtlich Sicherheit und Gebrauchsfähigkeit. I. Untersuchungen an Kochplatten
in Vorbereitung

HEFT 209
Dr. K. Bunge, Leverkusen
Materialabbau in Funkenentladungen. Untersuchungen an Zinkkathoden
1956, 54 Seiten, 10 Abb., 5 Tabellen, DM 11,40

HEFT 210
Dr. W. Porschen und Prof. Dr. W. Riezler, Bonn
Langlebige Alphaaktivitäten bei natürlichen Elementen
1955, 40 Seiten, 5 Abb., 4 Tabellen, DM 8,80

HEFT 211
Prof. Dipl.-Ing. W. Sturtzel und Dr.-Ing. W. Graff, Duisburg
Die Versuchsanstalt für Binnenschiffbau, Duisburg
1956, 48 Seiten, 22 Abb., DM 11,—

HEFT 212
Dipl.-Ing. H. Spodig, Selm
Untersuchung zur Anwendung der Dauermagnete in der Technik
1955, 44 Seiten, 25 Abb., DM 9,80

HEFT 213
Dipl.-Ing. K. F. Rittinghaus, Aachen
Zusammenstellung eines Meßwagens für Bau- und Raumakustik
in Vorbereitung

HEFT 214
Dr.-Ing. J. Endres, München
Berechnung der optimalen Leistungen, Kraftstoffverbräuche und Wirkungsgrade von Einkreis-Turbolader-Strahltriebwerken am Boden und in der Höhe bei Fluggeschwindigkeiten von 0—2000 km/h
1956, 72 Seiten, 18 Abb., 8 Tabellen, DM 15,40

HEFT 215
Prof. Dr.-Ing. H. Opitz und Dipl.-Ing. G. Weber, Aachen
Einfluß der Wärmebehandlung von Baustählen auf Spanentstehung, Schnittkraft- und Standzeitverhalten
in Vorbereitung

HEFT 216
Dr. E. Kloth, Köln
Untersuchungen über die Ausbreitung kurzer Schallimpulse bei der Materialprüfung mit Ultraschall
1956, 90 Seiten, 60 Abb., 4 Tabellen, DM 19,40

HEFT 217
Rationalisierungskuratorium der Deutschen Wirtschaft (RKW), Frankfurt/Main
Typenvielzahl bei Haushaltgeräten und Möglichkeiten einer Beschränkung
1956, 328 Seiten, 2 Abb., 181 Tabellen, DM 49,50

HEFT 218
Dr. F. Keune, Aachen
Bericht über eine Theorie der Strömung um Rotationskörper ohne Anstellung bei Machzahl Eins
1955, 40 Seiten, 8 Abb., 5 Formelblätter, DM 8,80

HEFT 219
Prof. Dr. W. Fuchs, Aachen
Untersuchungen zur Holzabfallverwertung und zur Chemie des Lignins
1955, 54 Seiten, 11 Abb., 15 Tabellen, DM 11,40

WESTDEUTSCHER VERLAG · KÖLN UND OPLADEN

HEFT 220
Prof. Dr. W. Fuchs, Aachen
Die Entwicklung neuer Regel- und Kontroll-Apparate zur coulometrischen Analyse
1956, 76 Seiten, 17 Abb., 23 Tabellen, DM 15,50

HEFT 221
Dr. W. Meyer-Eppler, Bonn
Experimentelle Untersuchungen zum Mechanismus von Stimme und Gehör in der lautsprachlichen Kommunikation
1955, 56 Seiten, 24 Abb., DM 13,45

HEFT 222
Dr. L. Köllner, Münster, und Dipl.-Volkswirt M. Kaiser, Bochum
Die internationale Wettbewerbsfähigkeit der westdeutschen Wollindustrie
1956, 214 Seiten, DM 39,50

HEFT 223
Dr.-Ing. K. Alberti und Dr. F. Schwarz, Köln
Über das Problem Hartbrand - Weichbrand
1956, 54 Seiten, 25 Abb., 14 Tabellen, DM 12,10

HEFT 224
Dipl.-Ing. H. Stüdeman und Ing. R. Beu, Solingen
Verfahren zur Prüfung der Korrosionsbeständigkeit von Messerklingen aus rostfreiem Stahl
1956, 82 Seiten, 28 Abb., DM 16,90

HEFT 225
Dr.-Ing. E. Barz, Remscheid
Der Spannungszustand von Gattersägeblättern
in Vorbereitung

HEFT 226
Technisch-wissenschaftliches Büro für die Bastfaserindustrie, Bielefeld
Untersuchungen zur Verbesserung des Leinenwebstuhles IV
Die Wirkung verschiedener Kettbaumbremsen auf die Verwebung von Leinengarnen
1956, 64 Seiten, 9 Abb., 4 Tabellen, DM 13,50

HEFT 227
Prof. Dr. F. Wever, Düsseldorf und Dr. W. Wepner, Köln
Untersuchung der Alterungsneigung von weichen unlegierten Stählen durch Härteprüfung bei Temperaturen bis 300 Grad C
1956, 34 Seiten, 20 Abb., 3 Tabellen, DM 7,95

HEFT 228
Prof. Dr. F. Wever, Dr. W. Koch, Düsseldorf und Dr. B. A. Steinkopf, Dortmund
Spektrochemische Grundlagen der Analyse von Gemischen aus Kohlenmonoxyd, Wasserstoff und Stickstoff
in Vorbereitung

HEFT 229
Prof. Dr. F. Wever, Dr. W. Koch und Dr.-Ing. H. Malissa, Düsseldorf
Über die Anwendung disubstituierter Dithiocarbamate der analytischen Chemie
1956, 44 Seiten, 30 Abb., 5 Tabellen, DM 10,50

HEFT 230
Prof. Dr. F. Wever, Düsseldorf und Dr. W. Wepner, Köln
Bestimmung kleiner Kohlenstoffgehalte im Alpha-Eisen durch Dämpfungsmessung
1956, 34 Seiten, 5 Abb., 2 Tabellen, DM 7,70

HEFT 231
Dr.-Ing. W. Küch, Dortmund
Über die Wechselwirkung zwischen Holzschutzbehandlung und Verleimung
1956, 48 Seiten, 10 Abb., 8 Tabellen, DM 10,40

HEFT 232
Prof. Dr.-Ing. O. Kienzle, Hannover und Dr.-Ing. H. Münnich, Schweinfurt
Feststellung der Spannungen und Dehnungen und Bruchdrehzahlen der unter Fliehkraft und Bearbeitungskraft beanspruchten Schleifkörper
in Vorbereitung

HEFT 233
Dr. H. Haase, Hamburg
Infrarot-Bibliographie
1956, 90 Seiten, DM 17,80

HEFT 234
Dr.-Ing. K. G. Speith und Dr.-Ing. A. Bungeroth, Duisburg
Versuche zur Steigerung des Kokillen-Schluckvermögens beim Stranggießen von Stahl
1956, 26 Seiten, 5 Abb., DM 6,15

HEFT 235
Prof. Dr.-Ing. K. Leist und Dipl.-Ing. W. Dettmering, Aachen
Turbinenschaufeln aus Kunststoff für Kaltluftversuchsanlagen
1956, 46 Seiten, 43 Abb., 3 Tabellen, DM 12,30

HEFT 236
Dr.-Ing. O. Viertel und S. Lucas, Krefeld
Ergebnisse einer Hausfrauenbefragung über Wascheinrichtungen und Waschmethoden in städtischen Haushaltungen
1956, 34 Seiten, 4 Abb., DM 7,60

HEFT 237
Dr. P. Endler und Dr. H. Ludes, Köln
Bericht über eine Studienreise zur Orientierung der heutigen Behandlung der Lungentuberkulose in den Vereinigten Staaten von Nordamerika
1956, 32 Seiten, DM 7,10

HEFT 238
Institut für textile Meßtechnik, M.-Gladbach, e.V.
Untersuchung der Verzugsvorgänge an den Streckwerken verschiedener Spinnereimaschinen. 3. Bericht: Theoretische Betrachtungen über den Einfluß schlagender Zylinder und Druckrollen
in Vorbereitung

HEFT 239
Prof. Dr.-Ing. K. Leist und Dipl.-Ing. H. Scheele, Aachen und Dipl.-Ing. F. H. Flottmann, Herne
Versuche an einem neuartigen luftgekühlten Hochleistungs-Kolbenkompressor
in Vorbereitung

HEFT 240
Prof. Dr.-Ing. K. Leist und Dipl.-Ing. H. Scheele, Aachen
Temperaturmessungen an einem einstufigen luftgekühlten 4-Zylinder-Kolbenkompressor mit Kühlgebläse
in Vorbereitung

HEFT 241
Prof. Dr.-Ing. K. Leist und Dipl.-Ing. M. Pötke, Aachen
Leistungsversuche an einem Kühlluftgebläse
in Vorbereitung

HEFT 242
Prof. Dr.-Ing. K. Leist und Dipl.-Ing. K. Graf, Aachen
Straßenfahrzeuge mit Gasturbinenantrieb
in Vorbereitung

HEFT 243
Prof. Dr.-Ing. K. Leist und Dipl.-Ing. S. Förster, Aachen
Die französische Kleingasturbine Artouste — 1. Teil
in Vorbereitung

HEFT 244
Prof. Dr. F. Wever, Dr. W. Koch und Dr. S. Eckhard, Düsseldorf
Erfahrungen mit der spektrochemischen Analyse von Gefügebestandteilen des Stahles
1956, 32 Seiten, 8 Abb., 2 Tabellen, DM 7,80

HEFT 245
Prof. Dr.-Ing. K. Krekeler, Aachen
Das Verbinden von Metallen durch Kunstharzkleber. Teil I: Eigenschaften und Verwendung der Metallklebstoffe
1956, 48 Seiten, 8 Abb., DM 10,25

HEFT 246
Prof. Dr.-Ing. K. Krekeler, Aachen
Das Verbinden von Metallen durch Kunstharzkleber. Teil II: Untersuchungen an geklebten Leichtmetall-Verbindungen
in Vorbereitung

HEFT 247
Dr. H. Söhngen, Darmstadt
Strömung vor einem Überschall-Laufrad
1956, 26 Seiten, 4 Abb., DM 7,60

HEFT 248
Rheinische Aktiengesellschaft für Braunkohlenbergbau und Brikettfabrikation, Köln
Untersuchung der Bindemitteleigenschaften von Braunkohlenfilteraschen
in Vorbereitung

HEFT 249
Dr. M.-E. Meffert, Essen
Weitere Kulturversuche Scenedesmus obliquus
1956, 36 Seiten, 5 Abb., 10 Tabellen, DM 8,—

HEFT 250
Dr. F. Schwarz und Dr.-Ing. K. Alberti, Köln
Entwicklung von Untersuchungsverfahren zur Gütebeurteilung von Industriekalken
in Vorbereitung

HEFT 251
Prof. Dr. H. Bittel, Münster
Zur Statistik der ferromagnetischen Elementarvorgänge und ihren Einfluß auf das Barkhausenrauschen
in Vorbereitung

HEFT 252
Dipl.-Ing. H. Frings, Geilenkirchen
Die Wirkung abfallender Wetterführung auf Wettertemperatur, Grubengasgehalt und Staubbildung
in Vorbereitung

HEFT 253
Dipl.-Ing. S. Schirmanski, Berghausen
Stand und Auswertung der Forschungsarbeiten über Temperatur- und Feuchtigkeitsgrenzen bei der bergmännischen Arbeit
in Vorbereitung

HEFT 254
Prof. Dr. R. Danneel, Bonn
Quantitative Untersuchungen über die Entwicklung des Ehrlich-Ascitestumors bei Inzuchtmäusen
in Vorbereitung

HEFT 255
Ing. B. v. Schlippe, Bad Nauheim
Strömung von Flüssigkeiten mit temperaturabhängiger Zähigkeit (Kühlung von Ölen)
1956, 54 Seiten, 12 Abb., 4 Tabellen, DM 11,70

HEFT 256
Prof. Dr. C. Schmieden und Dipl.-Math. K. H. Müller, Darmstadt
Die Strömung einer Quellstrecke im Halbraum — eine strenge Lösung der Navier-Stokes-Gleichungen
1956, 40 Seiten, 9 Abb., DM 8,80

HEFT 257
Prof. Dr. G. Lehmann und Dr. J. Tamm, Dortmund
Die Beeinflussung vegetativer Funktionen des Menschen durch Geräusche
in Vorbereitung

HEFT 258
Dr. H. Paul, Linz (Rhein) und Prof. Dr. O. Graf, Dortmund
Zur Frage der Unfälle im Bergbau
1956, 52 Seiten, 9 Abb., 22 Tabellen, DM 11,20

HEFT 259
Prof. Dr. W. Linke, Aachen
Strömungsvorgänge in künstlich belüfteten Räumen
1956, 52 Seiten, 37 Abb., 1 Tabelle, DM 11,80

HEFT 260
Prof. Dr. W. Kast, Freiburg (Br.), Prof. Dr. A. H. Stuart und Dipl.-Phys. H. G. Fendler, Hannover
Lichtzerstreuungsmessungen an Lösungen hochpolymerer Stoffe
in Vorbereitung

HEFT 261
Prof. Dr. W. Kast, Freiburg (Br.)
Feinstruktur-Untersuchungen an künstlichen Zellulosefasern verschiedener Herstellungsverfahren. Teil II: Der Kristallisationszustand
in Vorbereitung

HEFT 262
Dr.-Ing. W. Batel, Aachen
Untersuchungen zur Absiebung feuchter, feinkörniger Haufwerke und Schwingsieben
in Vorbereitung

HEFT 263
Prof. Dr. H. Lange und Dipl.-Phys. R. Kohlhaas, Köln
Über die Wärmeleitfähigkeit von Stählen bei hohen Temperaturen: Teil I: Literaturbericht
in Vorbereitung

HEFT 264
Prof. Dr. W. Weizel, Bonn
Durch schnelle Funkenzusammenbrüche ausgelöste Signale auf einer Leitung
1956, 26 Seiten, 4 Abb., 3 Tabellen, DM 6,10

HEFT 265
Prof. Dr. F. Micheel und Dr. R. Engel, Münster
Eine Apparatur zur elektrophoretischen Trennung von Stoffgemischen
in Vorbereitung

HEFT 266
Fliesen-Beratungsstelle Bad Godesberg-Mehlem
Güteeigenschaften keramischer Wand- und Bodenfliesen und deren Prüfmethoden
1956, 32 Seiten, DM 7,10

HEFT 267
Prof. Dr. W. Weizel und B. Brandt, Bonn
Zur Stabilität stromstarker Glimmentladungen
1956, 36 Seiten, 7 Abb., DM 8,40

HEFT 268
Prof. Dr.-Ing. G. Vogelpohl, Göttingen
Über die Tragfähigkeit von Gleitlagern und ihre Berechnung
in Vorbereitung

WESTDEUTSCHER VERLAG · KÖLN UND OPLADEN

HEFT 269
Markscheider R. Bals, Bochum
Eignung des Gebirgsankerausbaus zur Erleichterung des Streckenvortriebs im Steinkohlenbergbau
in Vorbereitung

HEFT 270
Dr. H. Krebs und Mitarbeiter, Bonn
Die Trennung von Racematen auf chromatographischem Wege
in Vorbereitung

HEFT 271
Prof. Dr.-Ing. H. Opitz und Dipl.-Ing. H. Axer, Aachen
Beeinflussung des Verschleißverhaltens bei spanenden Werkzeugen durch flüssige und gasförmige Kühlmittel und elektrische Maßnahmen
in Vorbereitung

HEFT 272
Prof. Dr. W. Fuchs und Dr. H. Dresia, Aachen
Untersuchungen über die Schnellverbrennung und Schnellvergasung fester Brennstoffe
in Vorbereitung

HEFT 273
Fa. K. W. Tacke G.m.b.H., Wuppertal-Barmen
Erfahrungen beim Verspinnen von Perlonfasern und bei der Herstellung von Trikotagen aus gesponnenem Perlon
in Vorbereitung

HEFT 274
Prof. Dr.-Ing. K. Krekeler und Dipl.-Ing. H. Verhoeven, Aachen
Qualitative Untersuchungen bei Verbindungsschweißungen mittels Lichtbogenschweißautomaten unter Verwendung von Blankdraht und Zugabe von ferromagnetischem Pulver als Umhüllung
in Vorbereitung

HEFT 275
Prof. Dr.-Ing. K. Krekeler und Dipl.-Ing. H. Verhoeven, Aachen
Qualitative Untersuchungen von Punktschweißverbindungen an Tiefzieh- und Aluminiumblechen, die nach dem Argonarc-Punktschweißverfahren hergestellt werden
in Vorbereitung

HEFT 276
Fa. E. Haage, Mülheim (Ruhr)
Entwicklungsarbeiten im Apparatebau für Laboratorien
in Vorbereitung

HEFT 277
Dr.-Ing. W. Müchler, Essen
Untersuchung und zahlenmäßige Bestimmung der Schneideigenschaften von Messern mit besonderer Berücksichtigung rostfreier Messerstähle
in Vorbereitung

HEFT 278
Dipl.-Ing. J. Stelter und Dipl.-Ing. H. Kickert, Aachen
I. Sichtbarmachung von Ultraschallfeldern unter Verwendung photographischer Emulsionsschichten
II. Methode zur Bestimmung der wirklichen Temperaturverhältnisse in Flüssigkeiten während der Beschallung (Nach einer Diplom-Arbeit von H. Schnitzler)
in Vorbereitung

HEFT 279
Dr. F. Keune, Aachen
Der gewölbte und verwundene Tragflügel ohne Dicke in Schallnähe
in Vorbereitung

HEFT 280
Dipl.-Ing. J. Stelter und Dipl.-Ing. E. Pfende, Aachen
Über Störerscheinungen bei Schallgeschwindigkeitsmessungen mittels der Interferometermethode
in Vorbereitung

HEFT 281
Prof. Dr.-Ing. K. Lürenbaum, Aachen
Der Meßwagen des Instituts für Maschinen-Dynamik der Deutschen Versuchsanstalt für Luftfahrt, Aachen
in Vorbereitung

HEFT 282
Bergrat a. D. Scherer, Bochum
Das B.T.-Schwelverfahren und seine Anwendung auf der Anlage Marienau
in Vorbereitung

HEFT 283
Prof. Dr. F. Wever und Dr.-Ing. W. Lueg, Düsseldorf
Warmstauchversuche zur Ermittlung der Formänderungsfestigkeit von Gesenkschmiede-Stählen
in Vorbereitung

HEFT 284
Prof. Dr. F. Wever, Düsseldorf, Dr.-Ing. H. J. Wiester, Essen, Dr.-Ing. F. W. Straßburg, Duisburg, Prof. Dr.-Ing. H. Opitz, Aachen, und Dr.-Ing. K. H. Fröhlich, Köln
Einfluß des Gefüges auf die Zerspanbarkeit von Einsatz- und Vergütungsstählen
in Vorbereitung

HEFT 285
Prof. Dr.-Ing. O. Kienzle, Dr.-Ing. K. Lange, Hannover, und Dipl.-Ing. H. Meinert, Osterode
Einfluß der Oberfläche auf das Verschleißverhalten von Schmiedegesenken
in Vorbereitung

HEFT 286
Dr.-Ing. K. Lange, Hannover, Dipl.-Ing. H. Meinert, Osterode, unter Mitarbeit von Dr.-Ing. H. Arend, Mülheim (Ruhr)
Verschleißverhalten hartverchromter Schmiedegesenke
in Vorbereitung

HEFT 287
Prof. Dr.-Ing. K. Krekeler, Aachen
Änderungen der mechanischen Eigenschaftswerte thermoplastischer Kunststoffe bei Beanspruchung in verschiedenen Medien
in Vorbereitung

HEFT 288
Dr. K. Brücker-Steinkuhl, Düsseldorf
Anwendung mathematisch-statistischer Verfahren in der Industrie
in Vorbereitung

HEFT 289
Prof. Dr.-Ing. H. Winterhager, Aachen
Kombinierter Widerstands- und Lichtbogen-Vakuumofen zur Verarbeitung von Titanschwamm
Prof. Dr. Dr. h. c. R. Schwarz, Aachen
Erforschung neuer Wege zur Darstellung von Titanmetall
in Vorbereitung

HEFT 290
Dr. D. Horstmann, Düsseldorf
I. Der verstärkte Angriff des Zinks auf Eisen im Temperaturgebiet um 500° C
II. Einfluß eines Antimongehaltes auf den Angriff von Zinkschmelzen auf Eisen
in Vorbereitung

HEFT 291
Dr.-Ing. H. J. Wiester und Dr. D. Horstmann, Düsseldorf
Der Angriff eisengesättigter Zinkschmelzen auf silizium- und manganhaltiges Eisen
in Vorbereitung

HEFT 292
Dipl.-Ing. W. Rohs und Text.-Ing. H. Griese, Bielefeld
Webversuche an Leinenwebstühlen mit verbesserter Schaftbewegung
in Vorbereitung

HEFT 293
Prof. J. W. Korte, unter Mitarbeit von Dipl.-Ing. P. A. Mäcke und Dipl.-Ing. W. Leutzbach, Aachen:
Die Leistungsfähigkeit von Verkehrsanlagen des motorisierten städtischen Straßenverkehrs
in Vorbereitung

HEFT 294
Dipl.-Ing. B. Naendorf, Essen
Untersuchungen industrieller Gasbrenner
in Vorbereitung

HEFT 295
Prof. Dr.-Ing. H. Opitz und Dipl.-Ing. H. Axer, Aachen
Untersuchung und Weiterentwicklung neuartiger elektrischer Bearbeitungsverfahren
in Vorbereitung

HEFT 296
Prof. Dr.-Ing. H. Opitz, Aachen
I. Untersuchungen an elektronischen Regelantrieben
II. Statistische Untersuchungen zur Ausnutzung von Drehbänken
in Vorbereitung

HEFT 297
Dr. K. Schaarwächter, Düsseldorf
Die Reduktion von Siliziumtetrachlorid im Lichtbogen zur nachfolgenden Silizierung von Eisenblechen
in Vorbereitung

HEFT 298
Prof. Dr.-Ing. E. Oehler, Aachen
Untersuchung von kritischen Drehzahlen, die durch Kreiselmomente verursacht werden
in Vorbereitung

HEFT 299
Dr. J. Fassbender und W. Hoppe, Bonn
Eine photoelektrische Nachlaufeinrichtung für Analogie-Rechenmaschinen
in Vorbereitung

HEFT 300
Prof. Dr. E. Schütz und Privatdozent Dr. H. Caspers, Münster
Tierexperimentelle Untersuchungen über die Alkoholwirkungen auf Erregbarkeit und bioelektrische Spontanaktivität der Hirnrinde
in Vorbereitung

HEFT 301
Prof. Dr. W. Weltzien, Dr. G. Cossmann und P. Diehl, Krefeld
Über die fraktionierte Füllung von Polyamiden (II)
in Vorbereitung

HEFT 302
Prof. Dr.-Ing. W. Wegener und Dipl.-Ing. Willi Zahn, Aachen
Untersuchungen von gesponnenen Garnen auf ihre Gleichmäßigkeit nach verschiedenen Meßmethoden
in Vorbereitung

HEFT 303
Prof. Dr.-Ing. S. Kiesskalt, Aachen
Das Institut der Forschungsgesellschaft Verfahrenstechnik e. V. an der Technischen Hochschule Aachen
in Vorbereitung

HEFT 304
Prof. Dr.-Ing. K. Krekeler, Düsseldorf, und Dipl.-Ing. A. Kleine-Albers, Aachen
Beitrag zur thermoelastischen Warmformbarkeit von Hart PVC
in Vorbereitung

HEFT 305
Prof. Dr.-Ing. K. Krekeler, Düsseldorf, Dr.-Ing. H. Peukert, Aachen, und Dipl.-Ing. W. Schmitz, Siegburg
Heißgas-Schweißung von Hart-Polyvinylchlorid mit Zusatzwerkstoff
in Vorbereitung

HEFT 306
Prof. Dr. B. Rensch, Münster
Elektrophysiologische Untersuchungen zur Analysierung der Bildung von Assoziationen und Gedächtnisspuren in Gehirn und Rückenmark
Prof. Dr. A. Loeser, Münster
Akute und chronische Giftwirkungen sauerstoffhaltiger Lösungsmittel
in Vorbereitung

HEFT 307
Privatdozent Dr. J. Juilfs, Krefeld
Vergleichende Untersuchungen zur elastischen und bleibenden Dehnung von Fasern
in Vorbereitung

HEFT 308
Privatdozent Dr. J. Juilfs, Krefeld
Zur Messung der Fadenglätte
in Vorbereitung

HEFT 309
Prof. Dr. K. Cruse und Mitarbeiter, Clausthal-Zellerfeld
Aufbau und Arbeitsweise eines universell verwendbaren Hochfrequenz-Titrationsgerätes
in Vorbereitung

HEFT 310
Dr. P. F. Müller, Bonn
Die Integrieranlage des Rheinisch-Westfälischen Instituts für Instrumentelle Mathematik in Bonn
in Vorbereitung

HEFT 311
Prof. Dr. F. Wever und Dr. M. Hempel, Düsseldorf
Dauerschwingfestigkeit von Stählen bei erhöhten Temperaturen
Teil I: Erkenntnisse aus bisherigen Dauerschwingversuchen in der Wärme
in Vorbereitung

HEFT 312
Prof. Dr. F. Wever und Dr. M. Hempel, Düsseldorf
Dauerschwingfestigkeit von Stählen bei erhöhten Temperaturen
Teil II: Zug-Druck-Dauerschwingversuche an zwei warmfesten Stählen bei Temperaturen von 500 bis 650°
in Vorbereitung

HEFT 313
Prof. Dr. F. Wever, Dr. W. Koch und Dipl.-Phys. H. Rohde, Düsseldorf
Änderungen des Habitus und der Gitterkonstanten des Zementits in Chromstählen bei verschiedenen Wärmebehandlungen
in Vorbereitung

WESTDEUTSCHER VERLAG · KÖLN UND OPLADEN

HEFT 314
Prof. Dr. F. Wever und Dr.-Ing. A. Krisch, Düsseldorf, und Dr.-Ing. H.-J. Wiester, Essen
Veränderungen im Gefügeaufbau von Chrom-Nickel-Molybdän-Stählen bei langzeitiger Beanspruchung im Zeitstandversuch bei 500°
in Vorbereitung

HEFT 315
Prof. Dr. F. Wever und Dr.-Ing. A. Krisch, Düsseldorf
Metallkundliche Untersuchungen an Zeitstandproben
in Vorbereitung

HEFT 316
Dr. F. Keune, Aachen
Zusammenfassende Darstellung und Erweiterung des Aequivalenzsatzes für schallnahe Strömung
in Vorbereitung

HEFT 317
Dr.-Ing. J. Stelter, Aachen
Mikrobiologische Ultraschallwirkungen
in Vorbereitung

HEFT 318
Dipl.-Ing. H. Kickert, Aachen
Über die Ausbreitung von Ultraschall in Luft
in Vorbereitung

HEFT 319
Prof. Dr. C. Kröger, Aachen
Gemengereaktionen und Glasschmelze
in Vorbereitung

HEFT 320
Dr. H.-E. Caspary, Köln
Verwendung von Szintillationszählern anstelle von Zählrohren zur zerstörungsfreien Materialprüfung
in Vorbereitung

HEFT 321
Prof. Dr. F. Wever, Düsseldorf und Dr. W. Wepner, Köln
Gleichzeitige Bestimmung kleiner Kohlenstoff- und Stickstoffgehalte im α-Eisen durch Dämpfungsmessung
in Vorbereitung

HEFT 322
Prof. Dr.-Ing. F. Bollenrath und Dipl.-Ing. W. Domke, Aachen
Eigenspannungen in vergüteten, dickwandigen Stahlzylindern nach Oberflächenhärtung mit induktiver Erwärmung
in Vorbereitung

HEFT 323
Prof. Dr. R. Seyffert, Köln
Wege und Kosten der Distribution der Textilien, Schuh- und Lederwaren
in Vorbereitung

HEFT 324
Prof. Dr.-Ing. H. Opitz, Dr.-Ing. E. Salje und Dipl.-Ing. K. E. Schwartz, Aachen
Richtwerte für das Außenrund-Längs- und Einstechschleifen
in Vorbereitung

HEFT 325
Prof. Dr. E. Schratz, Münster
Pharmakognostische Untersuchungen am Medizinal-Rhabarber
in Vorbereitung

HEFT 326
Prof. Dr.-Ing. E. Essers und Mitarbeiter, Aachen
Deichselkräfte an Lastzügen
in Vorbereitung

HEFT 327
Prof. Dr.-Ing. K. Krekeler und Dr.-Ing. H. Peukert, Aachen
Beitrag zur thermoelastischen Formbarkeit von Polyäthylen
in Vorbereitung

HEFT 328
Dr. H. Maeder, Belo Horizonte
Schweißen von Temperguß
in Vorbereitung

HEFT 329
Dipl.-Ing. A. Krüger, Karlsruhe, und Feuerwehr-Ing. R. Radusch, Dortmund
Wasserzerstäubung im Strahlrohr
in Vorbereitung

HEFT 330
Dipl.-Physiker E. Pepping, Aachen
Die Durchflußzahl des Rechteckschlitzes in einer sehr großen Wand
in Vorbereitung

HEFT 331
Dipl.-Ing. G. Bretschneider, Ruit
Die Messung der wiederkehrenden Spannung mit Hilfe des Netzmodelles
in Vorbereitung

HEFT 332
Prof. Dr.-Ing. R. Jaeckel und Dr. G. Reich, Bonn
Messung von Dampfdrucken im Gebiet unter 10^{-2} Torr
in Vorbereitung

HEFT 333
Prof. Dipl.-Ing. W. Sturtzel und Dr.-Ing. W. Graff, Duisburg
I. Der Flachwassereinfluß auf den Form- und Reibungswiderstand von Binnenschiffen
II. Der Flachwassereinfluß auf die Nachstrom- und Sogverhältnisse bei Binnenschiffen
in Vorbereitung

HEFT 334
Prof. Dr. W. Weizel und Dr. G. Meister, Bonn
Spektralanalyse durch Messung des Interferenz-Kontrasts
in Vorbereitung

HEFT 335
Prof. Dr. W. Weizel und H. Hornberg, Bonn
Untersuchungen der anodischen Teile einer Glimmentladung
in Vorbereitung

HEFT 336
Dr. Tung-ping Yao, Aachen
Die Viskosität metallischer Schmelzen
in Vorbereitung

HEFT 337
Dr. R. Hoeppener und Dr. W. Bierther, Bonn
Tektonik und Lagerstätten im Rheinischen Schiefergebirge
in Vorbereitung

HEFT 338
Prof. Dr.-Ing. W. Wegener, Aachen, und Dipl.-Ing. J. Schneider, M.-Gladbach
Die Bedeutung der Knotenart für die Herabminderung der Fadenbrüche
in Vorbereitung

HEFT 339
Prof. Dr.-Ing. W. Wegener und Dipl.-Ing. W. Zahn, Aachen
Vergleich des normalen mit verschiedenen abgekürzten Baumwollspinnverfahren in bezug auf Gleichmäßigkeit und Sortierungsstreuung der Garne
in Vorbereitung

HEFT 340
Dipl.-Ing. W. Rohs und Dipl.-Ing. R. Otto, Bielefeld
Das Naßspinnen von Bastfasergarnen mit Spinnbadzusätzen unter Ausnutzung einer zentralen Spinnwasserversorgungsanlage
in Vorbereitung

HEFT 341
Prof. Dr.-Ing. H. Winterhager und Dipl.-Ing. L. Werner, Aachen
Präzisions-Meßverfahren zur Bestimmung des elektrischen Leitvermögens geschmolzener Salze
in Vorbereitung

HEFT 342
Prof. Dr.-Ing. H. Winterhager und Dipl.-Ing. W. Barthel, Aachen
Die Gewinnung von Titanschlackenkonzentraten aus eisenreichen Ilmeniten
in Vorbereitung

HEFT 343
Prof. Dr.-Ing. W. Petersen, Aachen, und Dipl.-Ing. S. Wawroschek, Aachen
Die zweckmäßigsten Gütebestimmungsverfahren und Brikettierungsbedingungen bei der Erzeugung von Braunkohlen-Eisenerz-Briketts
in Vorbereitung

HEFT 344
Prof. Dr.-Ing. W. Fucks, Aachen
Zur Deutung einfachster mathematischer Sprachcharakteristiken
in Vorbereitung

HEFT 345
Dipl.-Ing. G. Cerbe und Dipl.-Ing. H. Monstadt, Essen
Konvektive Trocknung mit gasbeheizter Luft und Trocknung durch Gasstrahler
in Vorbereitung

HEFT 346
Dipl.-Ing. O. Arnold, Aachen
Erfahrungen mit Kernbohrungen zur Lagerstättenuntersuchung im Erzbergbau
in Vorbereitung

HEFT 347
S. Ruff, F. Kipp, H. Hansteen und G. Müller, Bonn
Untersuchungen zur Frage der Gehörschädigungen des fliegenden Personals der Propellerflugzeuge
in Vorbereitung

WESTDEUTSCHER VERLAG · KÖLN UND OPLADEN

VERÖFFENTLICHUNGEN DER ARBEITSGEMEINSCHAFT FÜR FORSCHUNG DES LANDES NORDRHEIN-WESTFALEN

NATURWISSENSCHAFTEN

Im Auftrage des Ministerpräsidenten Fritz Steinhoff herausgegeben von Staatssekretär Prof. Leo Brandt

HEFT 1
Prof. Dr.-Ing. Friedrich Seewald, Aachen
Neue Entwicklungen auf dem Gebiet der Antriebsmaschinen
Prof. Dr.-Ing. Friedrich A. F. Schmidt, Aachen
Technischer Stand und Zukunftsaussichten der Verbrennungsmaschinen, insbesondere der Gasturbinen
Dr.-Ing. Rudolf Friedrich, Mülheim (Ruhr)
Möglichkeiten und Voraussetzungen der industriellen Verwertung der Gasturbine
1951, 52 Seiten, 15 Abb., kartoniert, DM 2,75

HEFT 2
Prof. Dr.-Ing. Wolfgang Riezler, Bonn
Probleme der Kernphysik
Prof. Dr. Fritz Micheel, Münster
Isotope als Forschungsmittel in der Chemie und Biochemie
1951, 40 Seiten, 10 Abb., kartoniert, DM 2,40

HEFT 3
Prof. Dr. Emil Lehnartz, Münster
Der Chemismus der Muskelmaschine
Prof. Dr. Gunther Lehmann, Dortmund
Physiologische Forschung als Voraussetzung der Bestgestaltung der menschlichen Arbeit
Prof. Dr. Heinrich Kraut, Dortmund
Ernährung und Leistungsfähigkeit
1951, 60 Seiten, 35 Abb., kartoniert, DM 3,50

HEFT 4
Prof. Dr. Franz Wever, Düsseldorf
Aufgaben der Eisenforschung
Prof. Dr.-Ing. Hermann Schenck, Aachen
Entwicklungslinien des deutschen Eisenhüttenwesens
Prof. Dr.-Ing. Max Haas, Aachen
Wirtschaftliche Bedeutung der Leichtmetalle und ihre Entwicklungsmöglichkeiten
1952, 60 Seiten, 20 Abb., kartoniert, DM 3,50

HEFT 5
Prof. Dr. Walter Kikuth, Düsseldorf
Virusforschung
Prof. Dr. Rolf Danneel, Bonn
Fortschritte der Krebsforschung
Prof. Dr. Werner Schulemann, Bonn
Wirtschaftliche und organisatorische Gesichtspunkte für die Verbesserung unserer Hochschulforschung
1952, 50 Seiten, 2 Abb., kartoniert, DM 2,75

HEFT 6
Prof. Dr. Walter Weizel, Bonn
Die gegenwärtige Situation der Grundlagenforschung in der Physik
Prof. Dr. Siegfried Strugger, Münster
Das Duplikantenproblem in der Biologie
Direktor Dr. Fritz Gummert, Essen
Überlegungen zu den Faktoren Raum und Zeit in biologischen Geschehen und Möglichkeiten einer Nutzanwendung
1952, 64 Seiten, 20 Abb., kartoniert, DM 3,—

HEFT 7
Prof. Dr.-Ing. August Götte, Aachen
Steinkohle als Rohstoff und Energiequelle
Prof. Dr. Dr. E. h. Karl Ziegler, Mülheim (Ruhr)
Über Arbeiten des Max-Planck-Institutes für Kohlenforschung
1953, 66 Seiten, 4 Abb., kartoniert, DM 3,60

HEFT 8
Prof. Dr.-Ing. Wilhelm Fucks, Aachen
Die Naturwissenschaft, die Technik und der Mensch
Prof. Dr. Walther Hoffmann, Münster
Wirtschaftliche und soziologische Probleme des technischen Fortschritts
1952, 84 Seiten, 12 Abb., kartoniert, DM 4,80

HEFT 9
Prof. Dr.-Ing. Franz Bollenrath, Aachen
Zur Entwicklung warmfester Werkstoffe
Prof. Dr. Heinrich Kaiser, Dortmund
Stand spektralanalytischer Prüfverfahren und Folgerung für deutsche Verhältnisse
1952, 100 Seiten, 62 Abb., kartoniert, DM 6,—

HEFT 10
Prof. Dr. Hans Braun, Bonn
Möglichkeiten und Grenzen der Resistenzzüchtung
Prof. Dr.-Ing. Carl Heinrich Dencker, Bonn
Der Weg der Landwirtschaft von der Energieautarkie zur Fremdenergie
1952, 74 Seiten, 23 Abb., kartoniert, DM 4,30

HEFT 11
Prof. Dr.-Ing. Herwart Opitz, Aachen
Entwicklungslinien der Fertigungstechnik in der Metallbearbeitung
Prof. Dr.-Ing. Karl Krekeler, Aachen
Stand und Aussichten der schweißtechnischen Fertigungsverfahren
1952, 72 Seiten, 49 Abb., kartoniert, DM 5,—

HEFT 12
Dr. Hermann Rathert, Wuppertal-Elberfeld
Entwicklung auf dem Gebiet der Chemiefaser-Herstellung
Prof. Dr. Wilhelm Weltzien, Krefeld
Rohstoff und Veredlung in der Textilwirtschaft
1952, 84 Seiten, 29 Abb., kartoniert, DM 4,80

HEFT 13
Dr.-Ing. E. h. Karl Herz, Frankfurt a. M.
Die technischen Entwicklungstendenzen im elektrischen Nachrichtenwesen
Staatssekretär Prof. Leo Brandt, Düsseldorf
Navigation und Luftsicherung
1952, 102 Seiten, 97 Abb., kartoniert, DM 7,25

HEFT 14
Prof. Dr. Burckhardt Helferich, Bonn
Stand der Enzymchemie und ihre Bedeutung
Prof. Dr. Hugo Wilhelm Knipping, Köln
Ausschnitt aus der klinischen Carcinomforschung am Beispiel des Lungenkrebses
1952, 72 Seiten, 12 Abb., kartoniert, DM 4,30

HEFT 15
Prof. Dr. Abraham Esau †, Aachen
Ortung mit elektrischen und Ultraschallwellen in Technik und Natur
Prof. Dr.-Ing. Eugen Flegler, Aachen
Die ferromagnetischen Werkstoffe der Elektrotechnik und ihre neueste Entwicklung
1953, 84 Seiten, 25 Abb., kartoniert, DM 4,80

HEFT 16
Prof. Dr. Rudolf Seyffert, Köln
Die Problematik der Distribution
Prof. Dr. Theodor Beste, Köln
Der Leistungslohn
1952, 70 Seiten, 1 Abb., kartoniert, DM 3,50

HEFT 17
Prof. Dr.-Ing. Friedrich Seewald, Aachen
Luftfahrtforschung in Deutschland und ihre Bedeutung für die allgemeine Technik
Prof. Dr.-Ing. Edouard Houdremont, Essen
Art und Organisation der Forschung in einem Industrieforschungsinstitut der Eisenindustrie
1953, 90 Seiten, 4 Abb., kartoniert, DM 4,20

HEFT 18
Prof. Dr. Dr. Werner Schulemann, Bonn
Theorie und Praxis pharmakologischer Forschung
Prof. Dr. Wilhelm Groth, Bonn
Technische Verfahren zur Isotopentrennung
1953, 72 Seiten, 17 Abb., kartoniert, DM 4,—

HEFT 19
Dipl.-Ing. Kurt Traenckner, Essen
Entwicklungstendenzen der Gaserzeugung
1953, 26 Seiten, 12 Abb., kartoniert, DM 1,60

HEFT 20
M. Zvegintzow, London
Wissenschaftliche Forschung und die Auswertung ihrer Ergebnisse
Ziel und Tätigkeit der National Research Development Corporation
Dr. Alexander King, London
Wissenschaft und internationale Beziehungen
1954, 88 Seiten, kartoniert, DM 4,20

HEFT 21
Prof. Dr. Robert Schwarz, Aachen
Wesen und Bedeutung der Silicium-Chemie
Prof. Dr. Dr. h. c. Kurt Alder, Köln
Fortschritte in der Synthese von Kohlenstoffverbindungen
1954, 76 Seiten, 49 Abb., kartoniert, DM 4,—

HEFT 21a
Prof. Dr. Dr. h. c. Otto Hahn, Göttingen
Die Bedeutung der Grundlagenforschung für die Wirtschaft
Prof. Dr. Siegfried Strugger, Münster
Die Erforschung des Wasser- und Nährsalztransportes in Pflanzenkörper mit Hilfe der fluoreszenzmikroskopischen Kinematographie
1953, 74 Seiten, 26 Abb., kartoniert, DM 5,—

HEFT 22
Prof. Dr. Johannes von Allesch, Göttingen
Die Bedeutung der Psychologie im öffentlichen Leben
Prof. Dr. Otto Graf, Dortmund
Triebfedern menschlicher Leistung
1953, 80 Seiten, 19 Abb., kartoniert, DM 4,—

HEFT 23
Prof. Dr. Dr. h. c. Bruno Kuske, Köln
Zur Problematik der wirtschaftswissenschaftlichen Raumforschung
Prof. Dr. Dr.-Ing. E. h. Stephan Prager, Düsseldorf
Städtebau und Landesplanung
1954, 84 Seiten, kartoniert, DM 3,50

HEFT 24
Prof. Dr. Rolf Danneel, Bonn
Über die Wirkungsweise der Erbfaktoren
Prof. Dr. Kurt Herzog, Krefeld
Bewegungsbedarf der menschlichen Gliedmaßengelenke bei der Berufsarbeit
1953, 76 Seiten, 18 Abb., kartoniert, DM 4,—

WESTDEUTSCHER VERLAG · KÖLN UND OPLADEN

HEFT 25
Prof. Dr. Otto Haxel, Heidelberg
Energiegewinnung aus Kernprozessen
Dr.-Ing. Dr. Max Wolf, Düsseldorf
Gegenwartsprobleme der energiewirtschaftlichen Forschung
1953, 98 Seiten, 27 Abb., kartoniert, DM 5,25

HEFT 26
Prof. Dr. Friedrich Becker, Bonn
Ultrakurzwellenstrahlung aus dem Weltraum
Dr. Hans Straßl, Bonn
Bemerkenswerte Doppelsterne und das Problem der Sternentwicklung
1954, 70 Seiten, 8 Abb., kartoniert, DM 3,60

HEFT 27
Prof. Dr. Heinrich Behnke, Münster
Der Strukturwandel der Mathematik in der ersten Hälfte des 20. Jahrhunderts
Prof. Dr. Emanuel Sperner, Hamburg
Eine mathematische Analyse der Luftdruckverteilungen in großen Gebieten
1956, 96 Seiten, 12 Abb, 5 Tab., kartoniert, DM 5,—

HEFT 28
Prof. Dr. Oskar Niemczyk, Aachen
Die Problematik gebirgsmechanischer Vorgänge im Steinkohlenbergbau
Prof. Dr. Wilhelm Ahrens, Krefeld
Die Bedeutung geologischer Forschung für die Wirtschaft, besonders in Nordrhein-Westfalen
1955, 96 Seiten, 12 Abb., kartoniert, DM 5,25

HEFT 29
Prof. Dr. Bernhard Rensch, Münster
Das Problem der Residuen bei Lernleistungen
Prof. Dr. Hermann Fink, Köln
Über Leberschäden bei der Bestimmung des biologischen Wertes verschiedener Eiweiße von Mikroorganismen
1954, 96 Seiten, 23 Abb., kartoniert, DM 5,25

HEFT 30
Prof. Dr.-Ing. Friedrich Seewald, Aachen
Forschungen auf dem Gebiete der Aerodynamik
Prof. Dr.-Ing. Karl Leist, Aachen
Einige Forschungsarbeiten aus der Gasturbinentechnik
1955, 98 Seiten, 45 Abb., kartoniert, DM 7,—

HEFT 31
Prof. Dr.-Ing. Dr. h. c. Fritz Mietzsch, Wuppertal
Chemie und wirtschaftliche Bedeutung der Sulfonamide
Prof. Dr. Dr. h. c. Gerhard Domagk, Wuppertal
Die experimentellen Grundlagen der bakteriellen Infektionen
1954, 82 Seiten, 2 Abb., kartoniert, DM 4,—

HEFT 32
Prof. Dr. Hans Braun, Bonn
Die Verschleppung von Pflanzenkrankheiten und -schädigungen über die Welt
Prof. Dr. Wilhelm Rudorf, Voldagsen
Der Beitrag von Genetik und Züchtung zur Bekämpfung von Viruskrankheiten der Nutzpflanzen
1953, 88 Seiten, 36 Abb., kartoniert, DM 5,—

HEFT 33
Prof. Dr.-Ing. Volker Aschoff, Aachen
Probleme der elektroakustischen Einkanalübertragung
Prof. Dr.-Ing. Herbert Döring, Aachen
Erzeugung und Verstärkung von Mikrowellen
1954, 74 Seiten, 23 Abb., kartoniert, DM 4,30

HEFT 34
Geheimrat Prof. Dr. Dr. Rudolf Schenck, Aachen
Bedingungen und Gang der Kohlenhydratsynthese im Licht
Prof. Dr. Emil Lehnartz, Münster
Die Endstufen des Stoffabbaues im Organismus
1954, 80 Seiten, 11 Abb., kartoniert, DM 4,20

HEFT 35
Prof. Dr.-Ing. Hermann Schenck, Aachen
Gegenwartsprobleme der Eisenindustrie in Deutschland
Prof. Dr.-Ing. Eugen Piwowarsky †, Aachen
Gelöste und ungelöste Probleme im Gießereiwesen
1954, 110 Seiten, 67 Abb., kartoniert, DM 6,50

HEFT 36
Prof. Dr. Wolfgang Riezler, Bonn
Teilchenbeschleuniger
Prof. Dr. Gerhard Schubert, Hamburg
Anwendung neuer Strahlenquellen in der Krebstherapie
1954, 104 Seiten, 43 Abb., kartoniert, DM 7,—

HEFT 37
Prof. Dr. Franz Lotze, Münster
Probleme der Gebirgsbildung
Bergwerksdirektor Bergassessor a.D. G. Rauschenbach, Essen
Die Erhaltung der Förderungskapazität des Ruhrbergbaues auf lange Sicht
in Vorbereitung

HEFT 38
Dr. E. Colin Cherry, London
Kybernetik
Prof. Dr. Erich Pietsch, Clausthal-Zellerfeld
Dokumentation und mechanisches Gedächtnis — zur Frage der Ökonomie der geistigen Arbeit
1954, 108 Seiten, 31 Abb., kartoniert, DM 5,25

HEFT 39
Dr. Heinz Haase, Hamburg
Infrarot und seine technischen Anwendungen
Prof. Dr. Abraham Esau †, Aachen
Ultraschall und seine technischen Anwendungen
1955, 80 Seiten, 25 Abb., kartoniert, DM 4,80

HEFT 40
Bergassessor Fritz Lange, Bochum-Hordel
Die wirtschaftliche und soziale Bedeutung der Silikose im Bergbau
Prof. Dr. Walter Kikuth, Düsseldorf
Die Entstehung der Silikose und ihre Verhütungsmaßnahmen
1954, 120 Seiten, 40 Abb., kartoniert, DM 7,25

HEFT 40a
Prof. Dr. Eberhard Gross, Bonn
Berufskrebs und Krebsforschung
Prof. Dr. Hugo Wilhelm Knipping, Köln
Die Situation der Krebsforschung vom Standpunkt der Klinik
1955, 88 Seiten, 31 Abb., kartoniert, DM 5,—

HEFT 41
Direktor Dr.-Ing. Gustav-Victor Lachmann, London
An einer neuen Entwicklungsschwelle im Flugzeugbau
Direktor Dr.-Ing. A. Gerber, Zürich-Oerlikon
Stand der Entwicklung der Raketen- und Lenktechnik
1955, 88 Seiten, 44 Abb., kartoniert, DM 6,—

HEFT 42
Prof. Dr. Theodor Kraus, Köln
Lokalisationsphänomene und Raumordnung vom Standpunkt der geographischen Wissenschaft
Direktor Dr. Fritz Gummert, Essen
Vom Ernährungsversuchsfeld der Kohlenstoffbiologischen Forschungsstation Essen
in Vorbereitung

HEFT 42a
Prof. Dr. Dr. h. c. Gerhard Domagk, Wuppertal
Fortschritte auf dem Gebiet der experimentellen Krebsforschung
1954, 46 Seiten, kartoniert, DM 2,—

HEFT 43
Prof. Giovanni Lampariello, Rom
Über Leben und Werk von Heinrich Hertz
Prof. Dr. Walter Weizel, Bonn
Über das Problem der Kausalität in der Physik
1955, 76 Seiten kartoniert, DM 3,30

HEFT 43a
Prof. Dr. José Mª Albareda, Madrid
Die Entwicklung der Forschung in Spanien
in Vorbereitung

HEFT 44
Prof. Dr. Burckhardt Helferich, Bonn
Über Glykoside
Prof. Dr. Fritz Micheel, Münster
Kohlenhydrat-Eiweiß-Verbindungen und ihre biochemische Bedeutung
in Vorbereitung

HEFT 45
Prof. Dr. John von Neumann, Princeton, USA
Entwicklung und Ausnutzung neuerer mathematischer Maschinen
Prof. Dr. E. Stiefel, Zürich
Rechenautomaten im Dienste der Technik mit Beispielen aus dem Züricher Institut für angewandte Mathematik
1955, 74 Seiten, 6 Abb., kartoniert, DM 3,50

HEFT 46
Prof. Dr. Wilhelm Weltzien, Krefeld
Ausblick auf die Entwicklung synthetischer Fasern
Prof. Dr. Walther Hoffmann, Münster
Wachstumsformen der Industriewirtschaft
in Vorbereitung

HEFT 47
Staatssekretär Prof. Leo Brandt, Düsseldorf
Die praktische Förderung der Forschung in Nordrhein-Westfalen
Prof. Dr. Ludwig Raiser, Bad Godesberg
Die Förderung der angewandten Forschung durch die Deutsche Forschungsgemeinschaft
in Vorbereitung

HEFT 48
Dr. Hermann Tromp, Rom
Bestandsaufnahme der Wälder der Welt als internationale und wissenschaftliche Aufgabe
Prof. Dr. Franz Heske, Schloß Reinbek
Die Wohlfahrtswirkungen des Waldes als internationales Problem
in Vorbereitung

HEFT 49
Präsident Dr. G. Böhnecke, Hamburg
Zeitfragen der Ozeanographie
Reg.-Direktor Dr. H. Gabler, Hamburg
Nautische Technik und Schiffssicherheit
1955, 120 Seiten, 49 Abb., kartoniert, DM 7,50

HEFT 50
Prof. Dr.-Ing. Friedrich A. F. Schmidt, Aachen
Probleme der Selbstzündung und Verbrennung bei der Entwicklung der Hochleistungskraftmaschinen
Prof. Dr.-Ing. A. W. Quick, Aachen
Ein Verfahren zur Untersuchung des Austauschvorganges in verwirbelten Strömungen hinter Körpern mit abgelöster Strömung
in Vorbereitung

HEFT 51
Prof. Dr. Siegfried Strugger, Münster
Struktur, Entwicklungsgeschichte und Physiologie der Chloroplasten
Direktor Dr. J. Pätzold, Erlangen
Therapeutische Anwendung mechanischer und elektrischer Energie
in Vorbereitung

HEFT 52
Mr. Patmore, London
Lufttüchtigkeit und technische Prüfung der Flugzeuge in England
Prof. A. D. Young, Cranfield
Die Ausbildung des Ingenieurnachwuchses auf dem Luftfahrtgebiet in England
in Vorbereitung

JAHRESFEIER 1955
Prof. Dr. Josef Pieper, Münster
Über den Philosophie-Begriff Platons
Prof. Dr. Walter Weizel, Bonn
Die Mathematik und die physikalische Realität
1955, 62 Seiten, kartoniert, DM 2,90

HEFT 52a
Dr. D. C. Martin, London
Geschichte und Organisation der Royal Society
Dr. Roux, Südafrika
Probleme der wissenschaftlichen Forschung in der Südafrikanischen Union
in Vorbereitung

HEFT 53
Prof. Dr.-Ing. Georg Schnadel, Hamburg
Forschungsaufgaben zur Untersuchung der Festigkeitsprobleme im Schiffbau
Prof. Dipl.-Ing. Wilhelm Sturtzel, Duisburg
Forschungsaufgaben zur Untersuchung der Widerstandsprobleme im Schiffbau
in Vorbereitung

HEFT 53a
Prof. Giovanni Lampariello, Rom
Von Galilei zu Einstein
1956, 92 Seiten, kartoniert, DM 4,20

HEFT 54
Prof. Dr. Julius Bartels, Göttingen
Sonne und Erde — das Thema des internationalen geophysikalischen Jahres
Direktor Dr. Walter Dieminger, Lindau/Harz
Ionosphäre und drahtloser Weitverkehr
in Vorbereitung

HEFT 54a
Sir John Cockcroft, London
Die friedliche Anwendung der Kernenergie
in Vorbereitung

HEFT 55
Prof. Dr.-Ing. Fritz Schultz-Grunow, Aachen
Das Kriechen und Fließen hochzäher und plastischer Stoffe
Prof. Dr.-Ing. Hans Ebner, Aachen
Wege und Ziele der Festigkeitsforschung besonders im Hinblick auf den Leichtbau
in Vorbereitung

WESTDEUTSCHER VERLAG · KÖLN UND OPLADEN

HEFT 56
Prof. Dr. Ernst Derra, Düsseldorf
Der Entwicklungsstand der Herzchirurgie
Prof. Dr. Gunther Lehmann, Dortmund
Muskelarbeit und Muskelermüdung in Theorie und Praxis
in Vorbereitung

HEFT 57
Prof. Dr. Theodor von Kármán, Pasadena
Freiheit und Organisation in der Luftfahrtforschung
in Vorbereitung

HEFT 58
Prof. Dr. Fritz Schröter, Ulm
Neue Forschungs- und Entwicklungsrichtungen im Fernsehen
Prof. Dr. Albert Narath, Berlin
Der gegenwärtige Stand der Filmtechnik
in Vorbereitung

HEFT 59
Prof. Dr. Richard Courant, New York
Die Bedeutung der modernen mathematischen Rechenmaschinen für mathematische Probleme der Hydrodynamik und Reaktortechnik
Prof. Dr. Ernst Peschl, Bonn
Die Rolle der komplexen Zahlen in der Mathematik und die Bedeutung der komplexen Analysis
in Vorbereitung

VERÖFFENTLICHUNGEN DER ARBEITSGEMEINSCHAFT FÜR FORSCHUNG DES LANDES NORDRHEIN-WESTFALEN

GEISTESWISSENSCHAFTEN

Im Auftrage des Ministerpräsidenten Fritz Steinhoff
herausgegeben von Staatssekretär Prof. Leo Brandt

HEFT 1
Prof. Dr. Werner Richter, Bonn
Die Bedeutung der Geisteswissenschaften für die Bildung unserer Zeit
Prof. Dr. Joachim Ritter, Münster
Die aristotelische Lehre vom Ursprung und Sinn der Theorie
1953, 64 Seiten, kartoniert, DM 2,90

HEFT 2
Prof. Dr. Josef Kroll, Köln
Elysium
Prof. Dr. Günther Jachmann, Köln
Die vierte Ekloge Vergils
1953, 72 Seiten, kartoniert, DM 2,90

HEFT 3
Prof. Dr. Hans Erich Stier, Münster
Die klassische Demokratie
1954, 100 Seiten, kartoniert, DM 4,50

HEFT 4
Prof. Dr. Werner Caskel, Köln
Lihyan und Lihyanisch. Sprache und Kultur eines früharabischen Königreiches
1954, 168 Seiten, 6 Abb., kartoniert, DM 8,25

HEFT 5
Prof. Dr. Thomas Ohm, Münster
Stammesreligionen im südlichen Tanganyika-Territorium
1953, 80 Seiten, 25 Abb., kartoniert, DM 8,—

HEFT 6
Prälat Prof. Dr. Dr. h. c. Georg Schreiber, Münster
Deutsche Wissenschaftspolitik von Bismarck bis zum Atomwissenschaftler Otto Hahn
1954, 102 Seiten, 7 Bilder, kartoniert, DM 5,—

HEFT 7
Prof. Dr. Walter Holtzmann, Bonn
Das mittelalterliche Imperium und die werdenden Nationen
1953, 28 Seiten, kartoniert, DM 1,30

HEFT 8
Prof. Dr. Werner Caskel, Köln
Die Bedeutung der Beduinen in der Geschichte der Araber
1954, 44 Seiten, kartoniert, DM 2,—

HEFT 9
Prälat Prof. Dr. Dr. h. c. Georg Schreiber, Münster
Irland im deutschen und abendländischen Sakralraum

HEFT 10
Prof. Dr. Peter Rassow, Köln
Forschungen zur Reichsidee im 16. und 17. Jahrhundert
1955, 32 Seiten, kartoniert, DM 1,50

HEFT 11
Prof. Dr. Hans Erich Stier, Münster
Roms Aufstieg zur Weltherrschaft
in Vorbereitung

HEFT 12
Prof. D. Karl Heinrich Rengstorf, Münster
Mann und Frau im Urchristentum
Prof. Dr. Hermann Conrad, Bonn
Grundprobleme einer Reform des Familienrechts
1954, 106 Seiten, kartoniert, DM 4,50

HEFT 13
Prof. Dr. Max Braubach, Bonn
Der Weg zum 20. Juli 1944
1953, 48 Seiten, kartoniert, DM 2,20

HEFT 14
Prof. Dr. Paul Hübinger, Münster
Das deutsch-französische Verhältnis und seine mittelalterlichen Grundlagen
in Vorbereitung

HEFT 15
Prof. Dr. Franz Steinbach, Bonn
Der geschichtliche Weg des wirtschaftenden Menschen in die soziale Freiheit und politische Verantwortung
1954, 76 Seiten, kartoniert, DM 2,90

HEFT 16
Prof. Dr. Josef Koch, Köln
Die Ars coniecturalis des Nikolaus von Cues
1956, 56 Seiten, 2 Abb., kartoniert, DM 2,90

HEFT 17
Prof. Dr. James Conant,
US-Hochkommissar für Deutschland
Staatsbürger und Wissenschaftler
Prof. D. Karl Heinrich Rengstorf, Münster
Antike und Christentum
1953, 48 Seiten, 2 Abb., kartoniert, DM 2,90

HEFT 18
Prof. Dr. Richard Alewyn, Köln
Klopstocks Publikum
in Vorbereitung

HEFT 19
Prof. Dr. Fritz Schalk, Köln
Das Lächerliche in der französischen Literatur des Ancien Régime
1954, 42 Seiten, kartoniert, DM 2,—

HEFT 20
Prof. Dr. Ludwig Raiser, Bad Godesberg
Rechtsfragen der Mitbestimmung
1954, 48 Seiten, kartoniert, DM 2,—

HEFT 21
Prof. D. Martin Noth, Bonn
Das Geschichtsverständnis der alttestamentlichen Apokalyptik
1953, 36 Seiten, kartoniert, DM 1,60

HEFT 22
Prof. Dr. Walter F. Schirmer, Bonn
Glück und Ende des Königs in Shakespeares Historien
1954, 32 Seiten, kartoniert, DM 1,50

HEFT 23
Prof. Dr. Günther Jachmann, Köln
Der homerische Schiffskatalog und die Ilias
in Vorbereitung

HEFT 24
Prof. Dr. Theodor Klauser, Bonn
Die römischen Petrustraditionen im Lichte der neuen Ausgrabungen unter der Peterskirche
in Vorbereitung

HEFT 25
Prof. Dr. Hans Peters, Köln
Die Gewaltentrennung in moderner Sicht
1955, 48 Seiten, kartoniert, DM 2,20

HEFT 26
Prof. Dr. Fritz Schalk, Köln
Calderon und die Mythologie
in Vorbereitung

HEFT 27
Prof. Dr. Josef Kroll, Köln
Vom Leben geflügelter Worte
in Vorbereitung

WESTDEUTSCHER VERLAG · KÖLN UND OPLADEN

HEFT 28
Prof. Dr. Thomas Ohm, Münster
Die Religionen in Asien
1954, 50 Seiten, 4 Abb., kartoniert, DM 5,—

HEFT 29
Prof. Dr. Johann Leo Weisgerber, Bonn
Die Ordnung der Sprache im persönlichen und öffentlichen Leben
1955, 64 Seiten, kartoniert, DM 2,90

HEFT 30
Prof. Dr. Werner Caskel, Köln
Entdeckungen in Arabien
1954, 44 Seiten, kartoniert, DM 2,—

HEFT 31
Prof. Dr. Max Braubach, Bonn
Entstehung und Entwicklung der landesgeschichtlichen Bestrebungen und historischen Vereine im Rheinland
1955, 32 Seiten, kartoniert, DM 1,60

HEFT 32
Prof. Dr. Fritz Schalk, Köln
Somnium und verwandte Wörter in den romanischen Sprachen
1955, 48 Seiten, 3 Abb., kartoniert, DM 2,50

HEFT 33
Prof. Dr. Friedrich Dessauer, Frankfurt a. M.
Erbe und Zukunft des Abendlandes
in Vorbereitung

HEFT 34
Prof. Dr. Thomas Ohm, Münster
Ruhe und Frömmigkeit
1955, 128 Seiten, 30 Abb., kartoniert, DM 8,—

HEFT 35
Prof. Dr. Hermann Conrad, Bonn
Die mittelalterliche Besiedlung des deutschen Ostens und das Deutsche Recht
1955, 40 Seiten, kartoniert, DM 2,—

HEFT 36
Prof. Dr. Hans Sckommodau, Köln
Die religiösen Dichtungen Margaretes von Navarra
1955, 172 Seiten, kartoniert, DM 7,20

HEFT 37
Prof. Dr. Herbert von Einem, Bonn
Der Mainzer Kopf mit der Binde
1955, 88 Seiten, 40 Abb., kartoniert, DM 6,—

HEFT 38
Prof. Dr. Joseph Höffner, Münster
Statik und Dynamik in der scholastischen Wirtschaftsethik
1955, 48 Seiten, kartoniert, DM 2,20

HEFT 39
Prof. Dr. Fritz Schalk, Köln
Diderots Essai über Claudius und Nero
in Vorbereitung

HEFT 40
Prof. Dr. Gerhard Kegel, Köln
Probleme des internationalen Enteignungs- und Währungsrechts
in Vorbereitung

HEFT 41
Prof. Dr. Johann Leo Weisgerber, Bonn
Die Grenzen der Schrift — Der Kern der Rechtschreibreform
1955, 72 Seiten, kartoniert, DM 3,25

HEFT 42
Prof. Dr. Richard Alewyn, Köln
Von der Empfindsamkeit zur Romantik
in Vorbereitung

HEFT 43
Prof. Dr. Theodor Schieder, Köln
Die Probleme des Rapallo-Vertrages 1922
in Vorbereitung

HEFT 44
Prof. Dr. Andreas Rumpf, Köln
Stilphasen der spätantiken Kunst
in Vorbereitung

HEFT 45
Dr. Ulrich Luck, Münster
Kerygma und Tradition in der Hermeneutik Adolf Schlatters
1955, 136 Seiten, kartoniert, DM 6,15

HEFT 46
Prof. Dr. Walther Holtzmann, Rom
Das Deutsche Historische Institut in Rom
Prof. Dr. Graf Wolff Metternich, Rom
Die Bibliotheca Hertziana und der Palazzo Zuccari
1955, 68 Seiten, 7 Abb., kartoniert, DM 3,50

JAHRESFEIER 1955
Prof. Dr. Josef Pieper, Münster
Über den Philosophie-Begriff Platons
Prof. Dr. Walter Weizel, Bonn
Die Mathematik und die physikalische Realität
1955, 62 Seiten, kartoniert, DM 2,90

HEFT 47
Prof. Dr. Harry Westermann, Münster
Person und Persönlichkeit im Zivilrecht
in Vorbereitung

HEFT 48
Prof. Dr. Johann Leo Weisgerber, Bonn
Die Namen der Ubier
in Vorbereitung

HEFT 49
Prof. Dr. Friedrich Karl Schumann, Münster
Mythos und Technik
in Vorbereitung

HEFT 50
Prof. Dr. Wolfgang Schöne, Hamburg
Raffaels Sixtinische Madonna
in Vorbereitung

HEFT 51
Prälat Prof. Dr. Dr. h. c. Georg Schreiber, Münster
Der Bergbau in Geschichte, Ethos und Sakralkultur
in Vorbereitung

HEFT 52
Prof. Dr. Hans J. Wolff, Münster
Die Rechtsgestalt der Universität
in Vorbereitung

HEFT 53
Prof. Dr. Heinrich Vogt, Bonn
Schadenersatzprobleme im Verhältnis von Haftungsgrund und Schaden
in Vorbereitung

HEFT 54
Prof. Dr. Max Braubach, Bonn
Der Einmarsch der deutschen Truppen in die entmilitarisierte Zone am Rhein im März 1936. Ein Beitrag zur Vorgeschichte des zweiten Weltkrieges
in Vorbereitung

HEFT 55
Prof. Dr. Herbert von Einem, Bonn
Die Menschwerdung Christi des Isenheimer Altars
in Vorbereitung

HEFT 56
Prof. Dr. E. J. Cohn, London
Der englische Gerichtstag
in Vorbereitung

HEFT 57
Dr. Albert Woopen, Aachen
Die Zivilehe und der Grundsatz der Unauflöslichkeit der Ehe in der Entwicklung des italienischen Zivilrechts
1956, 88 Seiten, kartoniert, DM 4,—

WESTDEUTSCHER VERLAG · KÖLN UND OPLADEN

If you have any concerns about our products,
you can contact us on
ProductSafety@springernature.com

In case Publisher is established outside the EU,
the EU authorized representative is:
**Springer Nature Customer Service Center GmbH
Europaplatz 3, 69115 Heidelberg, Germany**

Printed by Libri Plureos GmbH
in Hamburg, Germany